Adebisi Bamgbade

Gestão da diversidade cultural nos estaleiros de construção em Abuja

Adebisi Bamgbade

Gestão da diversidade cultural nos estaleiros de construção em Abuja

ScienciaScripts

Imprint

Cover image: www.ingimage.com

This book is a translation from the original published under ISBN 978-3-659-71185-5.

Publisher:
Sciencia Scripts
is a trademark of
Dodo Books Indian Ocean Ltd. and OmniScriptum S.R.L publishing group

120 High Road, East Finchley, London, N2 9ED, United Kingdom
Str. Armeneasca 28/1, office 1, Chisinau MD-2012, Republic of Moldova, Europe
Managing Directors: Ieva Konstantinova, Victoria Ursu
info@omniscriptum.com

Printed at: see last page
ISBN: 978-620-8-55591-7

Índice:

Capítulo 1	4
Capítulo 2	8
Capítulo 3	24
Capítulo 4	27

AGRADECIMENTOS

A minha sincera gratidão vai para Deus Todo-Poderoso, o doador da sabedoria, cujas misericórdias me acompanharam até à conclusão do programa. Só a Ele pertence toda a glória.

Os meus sinceros agradecimentos vão também para todos os que contribuíram para o sucesso deste projeto educativo. O sucesso deste trabalho de investigação é atribuído ao meu orientador de tese, Dr. Richard Jimoh. Obrigado, senhor, pelas suas imensas contribuições para a minha tese.

O meu apreço vai também para toda a equipa do Departamento de Construção, Escola de Tecnologia Ambiental, Universidade Federal de Tecnologia, Minna, Estado do Níger, começando pelo chefe do departamento, Dr. E.A Abalaka, o nosso coordenador de pós-graduação, Dr. Paul Bajere, e os meus professores: Dr. Williams Akanmu, Professor Muazu, Construtor Ezekiel Ogunbode, Construtor J. Apeh, Construtor T.O. Ola, Construtor Edwin Agbor e Construtor Isa Rasheed.

Gostaria de reconhecer o papel de toda a equipa do Centro de Gestão Urbana e de Assentamento Humano (CHSUD), Universidade Federal de Tecnologia, Minna. Agradeço ao Diretor, Professor Mustapha Zubairu, ao Diretor Adjunto, Dr. Olarewaju Sulyman, e a todo o pessoal do centro, em especial ao Sr. Moses Kodan e à Sra. Memunat Oyiza, que me apoiaram durante todo o período de duração do projeto.

A minha profunda gratidão vai para os membros da minha família: Engenheiro Olusegun Bamgbade, sou grata e afortunada por o ter como meu marido; é de facto um querido. Agradeço também aos nossos filhos, Damilola, Eunice e Ifeoluwa, pela sua compreensão. Apesar do meu programa atarefado, continuas a ter paciência comigo. Estão sempre no meu pensamento, adoro-vos a todos.

Por último, não posso concluir esta apreciação sem mencionar os meus colegas: o Sr. Emmanuel Legbo, a Sra. Mamman Juliet, a Sra. Binta Aliyu, a Sra. Blessing Ofide e muitos outros. Estiveram sempre ao meu lado enquanto o programa durou. Lembrar-me-ei sempre de vós.

RESUMO

A era da globalização abriu caminho a uma força de trabalho diversificada, tornando progressivamente a diversidade cultural e as estratégias de gestão questões importantes para as empresas de construção multiculturais. O objetivo do estudo é determinar as melhores práticas de gestão para aproveitar a diversidade étnica nos estaleiros de construção em Abuja, com vista a aumentar a produtividade. Esta investigação é efectuada através de uma metodologia mista integrada. Foram entrevistados dez gestores/supervisores, foi efectuada uma observação pessoal em vinte estaleiros e foram distribuídos 220 questionários replicando as quatro dimensões culturais do VSM 08 de Hofstede a 220 funcionários de estaleiros de empresas de construção de média dimensão em Abuja. As conclusões mostram que as empresas de construção de Abuja são constituídas por diversos trabalhadores de diferentes origens étnicas, embora não haja predominância tribal; os estaleiros de construção de Abuja são afectados por desafios tribais de discriminação, conflitos e barreiras linguísticas. As conclusões também mostram que 80% dos gestores não estão formalmente informados sobre a gestão da diversidade; muitas das empresas de construção adoptaram um estilo tradicional de gestão da força de trabalho que não é suficiente para obter a produtividade desejada. Foi determinada a dimensão cultural dos representantes de cada tribo nos estaleiros de construção em Abuja. Embora as empresas de construção estejam a beneficiar positivamente do conjunto de conhecimentos associados a uma força de trabalho diversificada, ainda faltam todas as potencialidades que promoverão uma gestão eficaz para uma maior produtividade. Com base nos resultados do estudo, sugeriu-se que as empresas de construção deveriam criar uma consciência cultural nos locais de trabalho, através da qual todos os slogans de segurança e sinais escritos em inglês deveriam ser traduzidos para diferentes línguas, reflectindo a diversidade da força de trabalho no local. Além disso, devem ser desenvolvidos programas e planos eficazes de gestão da diversidade cultural para os trabalhadores. Como uma das melhores práticas adoptadas por muitas organizações para travar o efeito negativo da diversidade cultural, as empresas de construção de Abuja devem adotar as quatro dimensões culturais de Hofstede para uma gestão eficaz da sua força de trabalho, de modo a aumentar a produtividade.

Capítulo 1

1. INTRODUÇÃO

1.1 Antecedentes do estudo

O mundo é culturalmente diverso. Este facto constitui uma vantagem e um desafio para as organizações em muitos aspectos. A diversidade cultural é um desafio devido às diferenças de cultura, crenças e percepções de diferentes grupos étnicos, o que gera conflitos que afectam o principal objetivo da organização - a produtividade - e uma vantagem para as organizações, porque a gestão aproveita a oportunidade que a diversidade cultural oferece em termos de um vasto conjunto de conhecimentos, inovações, partilha de conhecimentos e novas tecnologias para aumentar a produtividade. Esta diversidade pode ser muito interessante quando pessoas de diferentes origens culturais aprendem uma coisa ou outra com outras culturas diferentes da sua.

A globalização cria uma oportunidade que leva a ligações e interconexões de diferentes grupos étnicos em muitas organizações em todo o mundo, das quais as empresas de construção não ficam de fora. A globalização alterou cada vez mais a estrutura da força de trabalho das organizações, que deixou de ser homogénea e passou a ser heterogénea, em que pessoas de diferentes crenças e origens culturais se relacionam entre si, como parte de uma economia global competitiva. Por conseguinte, para acompanharem as mudanças globais e se tornarem inovadoras, as organizações precisam de diversidade. A diversidade abre redes sociais entre pessoas de diferentes diversidades culturais. As empresas de construção desempenham um papel importante no desenvolvimento socioeconómico de muitos países. As actividades de construção influenciaram grandemente o desenvolvimento na Nigéria e, atualmente, muitas actividades de construção ainda estão em curso, com as empresas de construção a envolverem pessoas de diferentes origens culturais para trabalharem no local (Okolie & Okoye, 2012). Estas actividades trazem pessoas de diferentes origens para a rede social no local. As pessoas identificam-se socialmente com pessoas semelhantes a elas ao longo de muitas divisões como a etnia, o género, a profissão e a raça. Esta identificação com membros semelhantes é conhecida como identidade social.

A identidade social é a fonte do envolvimento mútuo e do apoio mútuo dos membros do grupo. O recrutamento desigual de certas tribos em relação a outras pode ter um efeito adverso nas relações sociais no local de trabalho (Ely & Thomas, 2001). As pessoas preferem e sentem-se mais confortáveis a interagir com pessoas que são da mesma tribo que elas do que com outras tribos. Estas diferenças e ligações afectam as interações dos grupos (Abrams & Hogg, 1999). As consequências destas identidades tribais construídas consistem em preferências tribais, estereótipos indesejáveis, complexo de inferioridade em relação a outros grupos, rivalidade intertribal e conflito de papéis (Wharton, 1992). A ocorrência de acidentes nos estaleiros de construção nigerianos tem sido associada a diferenças de percepções, abordagens, exibidas pelo pessoal dos estaleiros de diferentes origens culturais (Okolie & Okoye, 2012), afectando negativamente a produtividade. A consciência desta ação desequilibrada acaba por gerar um ambiente de trabalho geral adverso para os trabalhadores (Capozza & Brown, 2000). Tendo em conta os desafios colocados pela diversidade cultural da mão de obra, é, por conseguinte, imperativo que as organizações implementem uma gestão eficaz da diversidade, de modo a obterem todos os benefícios da diversidade cultural da mão de obra.

Tendo em conta os desenvolvimentos actuais, Claudia (2010) mostrou que as organizações são amplamente afectadas pelas mudanças provocadas pela globalização e pela migração de pessoas, tornando a gestão da diversidade uma obrigação para as organizações. Num desenvolvimento relacionado, o grupo étnico dominante sofre preconceitos que desencadeiam o desencorajamento e a tipificação (Von, Soper, & Foster, 2002), mas que podem ser evitados através de iniciativas de gestão eficazes. O estilo de gestão bem-sucedido empregue tem consequências significativas para a eficiência, o bem-estar e os benefícios do pessoal dos locais de trabalho e para a reputação das organizações que os contratam (Loosemore, Phua, Dunn & Ozguc, 2010). Estudos da Comissão Europeia (2008) revelaram que muitas empresas europeias estão conscientes da importância da gestão da diversidade, mas ainda não iniciaram programas especiais. Por conseguinte, as organizações utilizam frequentemente a sua abordagem da diversidade para melhorar a sua imagem ou reputação, mas por vezes não são tomadas medidas concretas para melhorar as condições de trabalho de todos os trabalhadores através de estruturas mais flexíveis ou da inclusão de novas culturas.

1.2 Declaração dos problemas de investigação

O sector da construção nigeriano é um ambiente multicultural com pessoas de diferentes origens étnicas e nacionalidades. Estas diferenças no local de trabalho e, muito especialmente, nos estaleiros de construção podem ser tanto uma vantagem como uma desvantagem, dependendo da sua gestão eficaz ou não. As pessoas de grupos étnicos diferentes reflectem as suas crenças e práticas culturais no local de trabalho. A investigação demonstrou que a diversidade pode oferecer oportunidades como o aumento da criatividade e da inovação, mas também pode introduzir problemas (Milliken & Martins, 1996).

Loosemore & Lee (2003) descobriram a segregação num grande estaleiro de construção na Austrália ao longo de grupos ocupacionais de base étnica, caracterizados por barreiras culturais e linguísticas que excluem os forasteiros, ou seja, os que pertencem a grupos étnicos diferentes. De acordo com Loosemore & Andonakis (2006) & Loosemore *et al.* (2010), estas divisões apresentam aos gestores de projeto uma dinâmica complexa de interfaces linguísticas e culturais - algumas colocando mais desafios do que outras - que podem afetar o desempenho em áreas como a produtividade, o desperdício, a qualidade e a segurança. Certos grupos são vistos como problemáticos por outros e essa intolerância em relação a eles é mais provavelmente transmitida por aqueles que não conseguem comunicar bem com outras tribos devido à barreira linguística do que por aqueles que comunicam eficazmente com outras tribos (Loosemore *et al.*, 2010). Com a mudança da capital para Abuja e a necessidade de um desenvolvimento rápido do Território da Capital Federal em termos de construção de escritórios, apartamentos residenciais e fornecimento de outras infra-estruturas, o Território da Capital Federal assistiu a uma grande migração de trabalhadores e profissionais de diferentes partes do país e do mundo, o que deu origem a um local de trabalho altamente multicultural nos estaleiros de construção.

Alguns gestores de recursos humanos preocupam-se com a tribo de um candidato antes de o empregarem e dão habitualmente preferência aos que pertencem à sua própria tribo. Dentro de uma organização, os grupos são formados de acordo com as divisões étnicas e de nacionalidade, por exemplo, numa grande empresa de construção civil de propriedade estrangeira, os trabalhadores brancos minoritários recebem tratamento preferencial em relação aos trabalhadores negros maioritários (Loosemore & Lee, 2003). Os resultados preliminares em Abuja revelaram uma situação em três fases:

a) Em primeiro lugar, as empresas de construção civil de origem estrangeira, onde os estrangeiros, embora em número reduzido, são mais favorecidos pela empresa devido à sua cor e origem étnica, dominam os trabalhadores autóctones que são mais hábeis do que eles ou têm a mesma competência. Os estrangeiros são muitas vezes colocados acima dos negros mais competentes; a decisão e a contribuição destes últimos não são apreciadas; isto dá lugar a complexos de superioridade, discriminação e estereótipos, que baixam o moral dos trabalhadores autóctones. Muitos dos negros continuam a trabalhar no local, não por satisfação profissional, mas por economia, apenas para ganhar a vida.
b) Em segundo lugar, a situação acima mencionada também descreveu as relações entre trabalhadores estrangeiros e trabalhadores indígenas e as condições de trabalho nas empresas de construção indígenas que estão a ser geridas por estrangeiros; daí as desigualdades no nível de vida e nas condições de trabalho.
c) Em terceiro lugar, as empresas de construção autóctones onde as tribos minoritárias estão a ser relegadas pela exploração demonstrada pela maioria; na maioria das vezes, se o chefe executivo ou os que estão no topo são de uma determinada tribo, tendem a recrutar pessoas da sua própria tribo, o que resultou no domínio de um determinado grupo étnico no local. Quando essas pessoas são recrutadas porque estão em maioria, dominam os outros trabalhadores de diferentes grupos étnicos nos locais de trabalho, manipulam as decisões dos executivos a seu favor, recorrem ao seu dialeto local como meio de comunicação nos locais de trabalho, formam também grupos de acordo com a sua etnia diversa e, subsequentemente, ocorrem discriminações, mexericos, mal-entendidos, falhas de comunicação, estereótipos, distribuição desigual de recursos, o que leva a conflitos nos locais de trabalho (Evidência Anedótica). Este cenário cria um problema para a gestão, uma vez que pode afetar a produtividade, a segurança, a qualidade e a eficácia da organização. Esta investigação é necessária para responder à seguinte questão:

I. Qual é o principal grupo étnico que domina os estaleiros de construção em Abuja?
II. Quais são os efeitos desta interação entre grupos étnicos na produtividade da construção?
III. Que dimensão cultural dos principais grupos étnicos influencia a elevada produtividade nos estaleiros de Abuja?

1.3 Finalidade e objectivos

O objetivo do estudo é determinar as melhores práticas de gestão para aproveitar a diversidade étnica nos estaleiros de construção em Abuja, com vista a aumentar a produtividade. Para concretizar o objetivo do estudo, foram definidos os seguintes objectivos

1. Determinar os principais grupos étnicos em estaleiros de construção selecionados em Abuja.
2. Avaliar o impacto das interações entre grupos étnicos na produtividade da construção nos locais selecionados.
3. Determinar as dimensões culturais dos principais grupos étnicos que influenciam uma elevada produtividade na construção.

1.4 Justificação do estudo

O mundo é culturalmente diverso, o que tem sido uma vantagem quando é corretamente gerido e uma desvantagem quando é mal gerido. Os investigadores têm-se debruçado continuamente sobre esta área em diferentes domínios, como o farmacêutico, o têxtil e o sector financeiro, ao mesmo tempo que propõem soluções de trabalho para os seus vários desafios (Cox & Blake, 1991; De Cieri & Kramar, 2003).

Olhando para a indústria da construção, um estudo realizado em estaleiros de construção australianos descobriu que a maioria é aproveitada em detrimento da minoria (os hispânicos, os aborígenes) num ambiente multicultural (Loosemore *et al.*, 2010). É necessário realizar o mesmo estudo na Nigéria. Se existem factores de maioria e minoria na Austrália, é necessário descobrir o que acontecerá na indústria da construção nigeriana, especialmente em Abuja, onde estão em curso muitos projectos de construção. A Austrália, com uma população de 22 262 501 habitantes (julho de 2013) e 92% de brancos, 7% de asiáticos, 1% de aborígenes e 1% de outros, está a ter problemas de diversidade no local de trabalho. Quanto mais a Nigéria, onde os grupos étnicos são cerca de 250 (Hausa e Fulani 29%, Yoruba 21%, Igbo (Ibo) 18%, Ijaw 10%, Kanuri 4%, Ibibio 3,5%, Tiv 2,5%) com 174 507 539 habitantes (World Fact Book, julho de 2013) e empresas de construção em Abuja, que são 245 empresas. Além disso, Aluko (2003) investigou o impacto da cultura em algumas fábricas têxteis selecionadas na Nigéria, propondo soluções necessárias para o progresso e o desenvolvimento. Em resultado da escassez de literatura sobre este assunto na indústria da construção nigeriana, a investigação justifica-se a fim de contribuir de forma tangível para o corpo de conhecimentos sobre a diversidade cultural na Nigéria.

1.5 Âmbito do estudo

Esta investigação limita-se a empresas de construção de média dimensão selecionadas em termos de número de trabalhadores, que serão empresas de construção nacionais e empresas de construção estrangeiras em Abuja.

Capítulo 2

2.0 REVISÃO DA LITERATURA

2.1 Cultura global

Existem volumes consideráveis de literatura sobre as identidades sociais no que se refere à diversidade étnica. Esta tese analisará a diversidade étnica através da diversidade cultural, da identidade étnica, das dimensões culturais e das melhores práticas de gestão empregues para lidar com a diversidade cultural nos estaleiros de construção.

O mundo atual é convenientemente designado como uma sociedade global, composta por grupos multiculturais com diferenças culturais óbvias, basicamente homogeneizados no emprego e nas relações intergrupais. A tendência para a globalização uniu praticamente todas as culturas e actividades da vida. Isto deve-se, em parte, ao aumento da migração de pessoas de diferentes culturas em busca de oportunidades e meios de subsistência abertos pela globalização através da necessidade de integração de mão de obra altamente qualificada, da colaboração e do crescente avanço tecnológico. A Internet também proporcionou uma interação de alto nível entre pessoas de várias inclinações culturais e ajudou a transformar o mundo numa aldeia global. Uma diferença cultural mista de uma força de trabalho diversificada envolve normalmente processos e ignora as perspectivas locais (Huang & Trauth, 2006) que, de facto, são um grande trunfo para as organizações e instituições.

2.1.1 Conceito de cultura

Não se pode dizer muito sobre a diversidade étnica sem falar primeiro sobre a cultura, porque a cultura é a base que determina as identidades étnicas. A cultura, que é uma variedade ou um conjunto de pessoas, constitui uma sociedade; a sociedade é um subconjunto da cultura, pelo que nada pode ser dito sobre a sociedade sem primeiro mencionar a cultura. A definição de cultura para um leigo é simplesmente o modo de vida das pessoas.

De acordo com Tylor (1871), a cultura envolve todas as áreas das orientações humanas que incluem crenças, normas, conhecimentos, arte, moral, lei, costumes e competências que as pessoas possam ter ou ter adquirido. Gardenswartz e Rowe (1998), na sua opinião, definiram a cultura como múltiplos aspectos das caraterísticas humanas que têm grande impacto no indivíduo e no seu ambiente. Estes múltiplos aspectos consistem em: etnia, religião, raça e formação académica. Loosemore *et al.* (2010) opinaram que a cultura são crenças, valores, tradições, compreensão e pressupostos colectivos que podem ser obtidos numa sociedade. Hofstede (1980) opinou que a cultura é a conformidade mútua que liga e controla a mente das pessoas, o que as torna semelhantes e diferentes das outras. Os membros de uma mesma cultura agem de forma semelhante, adoptam as mesmas normas, padrões, crenças e comportamentos que os tornam diferentes das pessoas de outras culturas.

A Declaração da UNESCO sobre Políticas Culturais, de 1982, na Cidade do México, declarou que a cultura é todo o intrincado e único conhecimento espiritual, material, emocional e que distingue uma sociedade da outra, bem como as crenças, os antecedentes, as maneiras e os valores das pessoas no seio da sociedade. Nesta tese, a cultura deve ser definida como as crenças, atitudes, normas e padrões estabelecidos

pelos membros do mesmo grupo étnico numa rede social que os distingue de outros grupos étnicos, o que tem implicações bidimensionais para as organizações. Passando da cultura à sua diversidade, é importante notar que a sociedade atual é constituída por uma variedade de culturas, o que deu origem a uma sociedade dinâmica. Lagos foi inicialmente referida como terra de ninguém, apesar de se situar na zona geopolítica do Sudoeste da Nigéria e de ser dominada pelos Yorubas, mas devido ao afluxo de pessoas de dentro e de fora do país, é uma sociedade altamente multicultural que abrange pessoas de diferentes origens étnicas. Abuja é também uma outra cidade que pode ser designada como terra de ninguém e que, de facto, dá o título de Centro de Unidade (www.come to Nigeria.com), onde se unem todas as culturas de etnias obviamente diversas, dentro e fora da Nigéria. A diversidade cultural é uma realidade óbvia da nossa sociedade e, de facto, da globalização do nosso mundo moderno. Por conseguinte, as organizações e instituições são constituídas por uma mão de obra culturalmente diversificada que é membro da sociedade culturalmente diversificada.
A indústria da construção em todo o mundo é composta por uma força de trabalho culturalmente diversificada e a realidade no terreno mostra que a Nigéria não é uma exceção e Abuja em particular. Ao longo dos anos, o sector da construção tem sofrido grandes transformações em resultado do aumento da tecnologia desenvolvida por pessoas de diferentes origens culturais (Loosemore *et al.,* 2010).

2.2 A diversidade cultural em perspetiva

Ainda não existe uma definição uniforme de diversidade cultural. Os investigadores sobre diversidade cultural definiram a diversidade cultural de forma diferente com base na área de interesse do seu trabalho de investigação (Seymen, 2006). Os investigadores sobre a diversidade cultural consideraram basicamente a diversidade cultural com base no multiculturalismo e na coesão social. Alguns académicos puseram a tónica nos princípios gerais e nas filosofias da diversidade cultural, enquanto outros se concentraram na religião e na língua (Daft, 2003).

2.2.1 Definição de diversidade cultural

Cox (2001), nas suas definições de diversidade cultural, colocou a tónica nas perspectivas das identidades sociais e culturais. Explicou que a diversidade cultural é a existência de pessoas com identidades sociais e culturais diferentes num ambiente de trabalho distinto, incluindo pessoas de sexo, raça, origem, religião, idade ou especialização profissional diferentes. A força de trabalho diversificada refere-se a pessoas de origens socioculturais diferentes, que coexistem num contexto organizacional (Kundu & Turan, 1999). A diversidade cultural compreende um conjunto de personalidades de vários escalões numa organização.

Na sua opinião, Loden e Rosener (1991) classificaram a diversidade em duas dimensões: primária e secundária. As dimensões primárias são a etnia, a idade, o sexo, o alinhamento sexual, a raça e as capacidades e caraterísticas físicas. Estes factores primários actuam na identidade das pessoas e têm um grande impacto nos membros do grupo dentro da organização e da sociedade. As dimensões secundárias são a localização geográfica, o rendimento, o estilo de comunicação, a formação académica, a religião, o prestígio do clã, o estilo de competências, o dialeto principal, a capacidade de trabalho, o papel e o nível da organização. As dimensões secundárias afectam a auto-definição e a autoestima. A diversidade cultural é sinónimo de multiculturalismo.

A diversidade cultural é a variedade de pessoas de diferentes religiões, raças, crenças, etnias, profissões e géneros. Cox (1993) opinou que as formações dos membros do grupo se baseiam em identidades culturais que são socioculturalmente diferentes. De um modo geral, na vida, as pessoas com as mesmas crenças étnicas preferem trabalhar, interagir e cooperar umas com as outras, de acordo com a teoria da semelhança (Williams & O'Reilly, 1998).

Desde tempos imemoriais que as pessoas estão a ser categorizadas socialmente segundo a etnia, a raça e as nacionalidades, pelo que estas categorias sociais continuam a ser a forma comum de identificar as pessoas (Tajfel, 1982). A partir dos resultados da experiência, foram reconhecidos dois aspectos das caraterísticas da diversidade cultural - as caraterísticas visíveis e as invisíveis. Milliken e Martins (1996) desenvolveram este modelo e distinguiram entre caraterísticas visíveis e não visíveis que acentuam as personalidades e as organizações. O seu modelo descreve caraterísticas facilmente observáveis, como a idade, o sexo, a etnia e a raça, enquanto os atributos menos invisíveis são o contexto socioeconómico, os valores, o conhecimento e a educação. Na linha e por extensão da distinção de Milliken e Martins (1996), Harrison, Price e Bell (1998) desenvolveram um modelo conhecido como diversidade de nível superficial e diversidade de nível profundo, em que a etnia, a raça, a idade e o sexo foram agrupados na diversidade de nível superficial e todos os atributos invisíveis do homem que influenciam o seu comportamento, por exemplo, a comunicação, foram agrupados na diversidade de nível profundo. Rollins e Stetson (n.d.) desenvolveram um modelo designado por icebergue das diferenças, em que separam os atributos visíveis e invisíveis em dois níveis, que são os atributos facilmente perceptíveis e os atributos internos, respetivamente, semelhantes aos dos autores supracitados.

Por outro lado, devido ao facto de a diversidade cultural ser um domínio complexo, muitos autores sugeriram uma distinção diferente; Rollins e Stetsons (n.d.), na sua opinião, afirmaram a necessidade de as organizações se concentrarem nas diferenças invisíveis e não nos atributos físicos durante o recrutamento de uma força de trabalho culturalmente diversificada. O aspeto invisível dos homens é altamente complexo e imprevisível e influencia sobretudo o comportamento exibido durante o trabalho. Konrad (2006) opinou que a diversidade deve incluir atributos como as capacidades e competências individuais, que contribuem para o sucesso da organização. A Comissão Europeia (2008) também categorizou a diversidade cultural de modo a incluir know-how de liderança, estilos de comunicação e diferentes tipos de competências, aquisição de conhecimentos e capacidades.

A partir da categorização da diversidade cultural por vários autores, é óbvio que os autores apoiaram a separação entre atributos visíveis e atributos invisíveis. Enquanto uns se debruçam sobre os aspectos visíveis, outros debruçam-se sobre os aspectos invisíveis. O trabalho de investigação de Cox (1993) centrou-se nos aspectos visíveis da diversidade, ou seja, a raça e a etnia. Richard (2000) e Ely e Thomas (2001), na mesma linha, centraram o seu trabalho de investigação nos aspectos visíveis da diversidade. A diversidade cultural parece ser uma espada de dois gumes: por um lado, apresenta oportunidades e, por outro, desafios resultantes da formação de grupos (Milliken & Martins, 1996). É importante notar que as organizações são atualmente confrontadas com uma força de trabalho diversificada que, muitas vezes, se divide em grupos no que diz respeito a factores culturais, à mudança do ambiente e das condições de trabalho, o que representa oportunidades e desafios (Thomas, Mack & Montagliai, 2006).

2.2.2 Componente da diversidade cultural

É necessário exprimir algumas das principais componentes da diversidade cultural, como se segue:

a) Raça/Cor: Como resultado da raça de uma pessoa, existem várias cores de pele em todo o mundo. Tem havido muita discriminação com base na raça e na cor da pele. Algumas organizações preferem contratar brancos em vez de negros, mas a tendência está a mudar gradualmente com o surgimento de um desempenho de alto nível de alguns génios negros (Andrew, Amir, Shelagh & June, 2009). A discriminação racial e cromática está a dar lugar ao desempenho e à produtividade, uma vez que a diversidade é uma força.

b) Religião: De acordo com a "Society for human resource management" (2007), os peritos em diversidade consideram extremamente importante criar um ambiente de trabalho em que cada pessoa contribua para a organização, independentemente da sua religião. O ambiente de trabalho das organizações deve adaptar-se, acomodar e dar liberdade aos trabalhadores para praticarem a sua religião.

c) Género: A maior parte das empresas considera a hipótese de empregar homens em vez de mulheres, uma vez que os homens são vistos como tendo uma capacidade superior para trabalhar no seu pico máximo de forma eficaz em comparação com as mulheres; este facto rotulou as mulheres de inferiores (Leonard & Levine, 2003). No entanto, Kochan, Bezrukova, Ely, Jackson, Joshi e Jehn (2002) observaram que o desempenho dos trabalhadores numa organização melhora quando as mulheres têm as mesmas oportunidades que os homens.

d) Formação académica: De acordo com Tracy e Sappington (1993), os empregadores geralmente evitam empregar pessoas cuja experiência, formação ou educação sejam consideradas insuficientes. O trabalhador deve ter habilitações académicas suficientes para conseguir um emprego. Daniel (2009) concluiu que o nível de habilitações de um trabalhador tem um grande impacto na sua produtividade: quanto mais instruído, mais produtivo será.

e) Idade: A discriminação em razão da idade é um preconceito contra uma pessoa no local de trabalho. Mesmo na nossa sociedade, a discriminação em razão da idade é muito óbvia, com os empregadores a colocarem sempre a idade mais jovem como requisito para o emprego. Também o caso da reforma antecipada é outra questão, especialmente entre os funcionários públicos da nossa sociedade. Uma investigação conduzida por Snape e Redmond (2003) revelou que a discriminação em razão da idade tem implicações negativas no empenhamento, na atitude e no desempenho dos trabalhadores, bem como na eficácia global da organização. Esta é a razão pela qual deve ser abordada de forma adequada e devem ser apresentadas soluções para a sua gestão.

2.2.3 Oportunidades e desafios da diversidade cultural

Muitas literaturas e trabalhos de investigação sobre a diversidade cultural apoiam a diversidade como tendo uma vantagem sobre a força de trabalho homogénea (Cox, Lobel & MacLeod, 1991). A diversidade cultural foi estudada tanto em laboratório como no terreno. Os resultados dos estudos laboratoriais revelaram que a diversidade da mão de obra aumenta a eficiência dos grupos (Cox *et al.*, 1991). Já os resultados no terreno, utilizando a teoria da identidade social, revelaram resultados negativos em termos de desempenho (Pelled, Eisenhardt, & Xin, 1999). É igualmente digno de nota que a diversidade é visível a muitos níveis diferentes, praticamente nenhuma empresa ou organização se pode furtar à heterogeneidade de uma forma ou de outra (Claudia, 2010).

a) De acordo com Morgan (1989), a criatividade prospera na diversidade, o que tem ajudado a produzir pessoas talentosas que têm sido uma grande vantagem para as organizações e instituições baseadas na investigação.
b) As potencialidades dos diferentes grupos étnicos representam um conjunto mais vasto de mão de obra e de partilha de conhecimentos (Gong, 2008), porque cada grupo étnico tem uma forma única de fazer as coisas. As instituições e organizações que valorizam os membros de grupos étnicos altamente qualificados mantêm-nos através de formação e desenvolvimento de carreiras, obtêm benefícios económicos e elevados dividendos em termos de recursos humanos.
c) Descobriu-se que as instituições e organizações culturalmente diversas são melhores a resolver problemas e a lidar com questões difíceis ou multifacetadas. São menos susceptíveis ao "pensamento de grupo".
d) As instituições e organizações culturalmente diversas têm mais flexibilidade organizacional e podem adaptar-se mais facilmente às mudanças (Seymen, 2006).
e) Adler (2002) contribuiu para que uma instituição e uma organização culturalmente diversificadas possam negociar confortavelmente com clientes estrangeiros, tanto a nível local como internacional, num mercado internacional cada vez maior, devido à compreensão dos ambientes políticos, socioculturais e económicos de outras nações.

Milliken e Martins (1996) descobriram que a atividade da organização pode ser afetada pela diversidade através das seguintes variáveis intervenientes

a) Uma força de trabalho organizacional culturalmente diversificada é um emblema de paridade. Este facto é importante para o prestígio de uma organização.
b) A diversidade cultural pode ter "consequências afectivas", na medida em que diminui o empenhamento organizacional ou reduz a satisfação, uma vez que as pessoas preferem interações com outras semelhantes.
c) "Reasoning upshots", ou seja, um aumento da criatividade e da inovação. A diversidade pode melhorar a capacidade de um grupo para recolher e processar informações, resultando numa maior criatividade.
d) A tipologia de Milliken e Martins (1996) teve em consideração o facto de a diversidade poder ter efeitos positivos e negativos no bom funcionamento das

organizações. Além disso, Benschop (2001) argumentou que a sua tipologia proporciona uma visão mais clara dos efeitos da diversidade no funcionamento efetivo de uma organização.

e) O processo de comunicação dos grupos nas organizações é sobretudo afetado pela diversidade. Baum e Hearns (2007) descobriram que os empregadores, apesar de recrutarem pessoas de diferentes grupos étnicos, também se envolvem em questões de discriminação contra empregados que não são da sua tribo ou de baixo estatuto social.

f) As diferenças culturais são a base de uma comunicação ineficaz e, consequentemente, causam mal-entendidos que geram discriminação. Como resultado da discriminação, as empresas de construção registaram um aumento dos custos da empresa, uma baixa taxa de retenção devido a processos judiciais e reclamações dos trabalhadores por discriminação.

g) A diversidade cultural pode também influenciar a eficiência, a segurança e a produtividade devido a complicações de comunicação, a uma menor qualidade do trabalho, a uma baixa moral, a doenças relacionadas com o stress, a uma elevada rotação de trabalhadores e a uma má imagem da empresa (Gong, 2008).

h) A produtividade do pessoal das instalações pode também ser afetada negativamente. É inevitável que os gestores compreendam a tendência da diversidade cultural da sua força de trabalho e se dediquem a eliminar a discriminação através da adoção de políticas que reduzam os efeitos negativos da diversidade cultural. No entanto, para apoiar a política, as empresas devem criar programas de ação que sensibilizem plenamente os trabalhadores para a diversidade cultural (Baum e Hearns, 2007).

2.3 Teoria da identidade social

No que diz respeito à Teoria da Identidade Social, abundam os argumentos sobre a identificação social, que consiste em identificar-se com um grupo de pessoas. Baseia-se na categorização dos indivíduos, na estima dos seus grupos e, tradicionalmente, em aspectos relacionados com a sua coesão. Esta ideologia tem sido aplicada à socialização organizacional, às relações intergrupais e ao conflito de papéis.

2.3.1 Definição de identidade social

A teoria da identidade social diz respeito à formação de grupos, ou seja, é provável que as pessoas se organizem a si próprias e aos outros numa variedade de categorias sociais, como a filiação religiosa, a pertença a uma organização, o género, a etnia e a faixa etária (Tajfel & Turner, 1985). As pessoas organizam-se em diversos grupos, que podem ser étnicos, profissionais ou religiosos, consoante o caso (Tajfel & Turner, 1985). A organização social das pessoas desempenha funções tais que o carácter de uma pessoa num determinado grupo é função do carácter do grupo a que a pessoa pertence (Halmilton, 1981). Além disso, a classificação social permite que uma pessoa se descubra a si própria e se defina no círculo social.

2.3.2 Identificação social

A identificação social deriva da noção de identificação de grupo (de facto, a identificação social e a identificação de grupo serão utilizadas indistintamente). Através da identificação social e da comparação, o indivíduo é motivado e encorajado a garantir o sucesso do grupo. Hall, Schneider e Nygen (1970) explicaram que os

objectivos da organização e os dos indivíduos são incorporados e harmonizados e Patchen (1970) afirmou que se trata de caraterísticas partilhadas, solidariedade e lealdade.
A teoria da identidade social difere da ideologia convencional das relações grupais pelo facto de, segundo esta teoria, o favoritismo intragrupal estar presente quando não existe uma forte coesão. Estudos laboratoriais que utilizaram o conceito de grupo mínimo da teoria da identidade social revelaram que a simples afetação de um indivíduo a um grupo é suficiente para gerar o favoritismo do grupo interno (Brewer, 1979; Tajfel, 1982). É digno de nota o facto de o conhecimento e a consciência dos grupos exteriores reforçarem e fortalecerem a consciência do grupo interior.

2.4 Diversidade étnica

Nnoli (1978) definiu a etnicidade como "uma ocorrência social ligada a colaborações entre pessoas de diferentes origens culturais". Para além disso, clarificou os grupos étnicos como formações sociais conhecidas pela peculiaridade conjunta dos seus limites, de tal modo que um grupo étnico pode ou não ser etnicamente semelhante. Roger e Mallam (2003) definiram a etnicidade como a utilização das diferenças e semelhanças étnicas para obter ganhos em circunstâncias pouco favoráveis, como a competição, o conflito ou a colaboração.

2.4.1 Diversidade étnica e identidade social

luz das definições anteriores, é digno de nota que a diversidade étnica é pertinente para as interações sociais entre diferentes grupos étnicos nas organizações. A literatura sobre identidade social e gestão afirma que as pessoas se sentem mais à vontade para se relacionarem com membros que têm a mesma identidade que elas do que com membros que não têm a mesma identidade que elas. Por exemplo, as relações de trabalho entre maiorias étnicas e minorias étnicas são susceptíveis de serem negativamente afectadas por disparidades de estatuto. A pertença a um grupo é uma variável poderosa que influencia a atitude em relação ao valor da diversidade (Loosemore *et al.,* 2010).
A área da diversidade muito pronunciada na sociedade, bem como nas organizações de construção, é a diversidade étnica, pelo que este trabalho de investigação se limitará à diversidade étnica. Também nesta tese, a diversidade cultural e a diversidade étnica serão utilizadas indistintamente.

2.4.2 Efeitos da diversidade étnica nos estaleiros de construção

Segundo o Bureau of Labour Statistics (2003), a elevada taxa de mortalidade entre os hispânicos devido a acidentes nos estaleiros ocorre continuamente devido à incapacidade de ler os sinais de segurança numa língua diferente da sua, afectando assim a produtividade nos estaleiros. Também Okolie e Okoye (2012) descobriram que a diversidade étnica devida a diferenças de opiniões e percepções do pessoal dos estaleiros constitui uma das principais causas de acidentes nos estaleiros de construção nigerianos.
No sector da construção australiano, uma grande proporção de estrangeiros que não falam inglês domina certas competências e interage na sua língua materna. A implicação deste comportamento é que a comunicação na segunda língua é reduzida e a integração é limitada (Trajkovski e Loosemore, 2006).
Além disso, com base no trabalho de Loosemore *et al.* (2010), sobre a diversidade

étnica nos estaleiros de construção na Austrália, identificou efeitos negativos da diversidade devido à gestão ineficaz da força de trabalho diversificada. Por outro lado, a partir dos seus resultados empíricos, descobriu que uma das principais diversidades culturais que influenciam negativamente a diversidade é a etnia, pelo que os trabalhadores/pessoal do estaleiro, tanto a nível superior como inferior, formam grupos de acordo com a sua origem étnica. Este fenómeno de identificação com membros de identidades semelhantes é conhecido como identidades sociais.

Tajfel e Turner (1985) observaram que os indivíduos se juntam com base em atracções de semelhança, que podem ser de etnia, género, raça, idade, educação e antecedentes profissionais, para adquirirem identidades sociais positivas. Loosemore, Florence, Melissa e Kevin (2012) revelaram ainda que, apesar das interações sociais dos grupos étnicos, existe sempre uma linha traçada sempre que há uma ameaça proveniente de qualquer outro grupo étnico, em que a identificação no grupo é mantida em resposta a essa ameaça. Estes factos sugerem que os grupos étnicos podem ter funções positivas e negativas. Por um lado, esses agrupamentos étnicos desempenham um papel na perpetuação das fronteiras entre diferentes grupos, potencialmente exacerbando a falta de compreensão intercultural nos estaleiros de construção (Loosemore, & Lee, 2003). Por outro lado, os agrupamentos étnicos (ou favoritismo no grupo) asseguram algumas funções positivas, tais como a manutenção de laços positivos entre os membros do grupo, o apoio do grupo e a criação de portos seguros em situações de conflito (Loosemore *et al.*, 2010).

As dificuldades de comunicação resultantes das diferenças linguísticas afectam as relações sociais entre as tribos. Loosemore e Lee (2003) descobriram que a associação de certas profissões a certos grupos étnicos (italianos na betonagem, coreanos na colocação de azulejos e chineses na colocação de estuque) aumenta a complexidade dos problemas linguísticos. Afirmou ainda que a intensidade dos problemas de comunicação se torna mais difícil quando trabalhadores de diferentes subcontratantes têm de trabalhar em conjunto.

Nicholas e Sammartino (2001) descrevem a relação entre a experiência de discriminação e a diminuição da produtividade individual nos locais de trabalho, através da redução da interação e da moral dos trabalhadores. A Equal Opportunity Commission (Comissão para a Igualdade de Oportunidades) de NSW (EOC, 1999) estimou que 70% dos trabalhadores expostos a discriminação faltariam ao trabalho como consequência. Inquéritos realizados nos Estados Unidos da América confirmaram igualmente que os problemas de rotação do pessoal estão associados à discriminação (Blank, Dabady & Citro, 2004) e que, para além destes custos económicos, existem custos humanos decorrentes do aumento da indisposição, do stress e da depressão (Williams, Neighbors, & Jackson, 2003).

2.5 Nigéria Diversidade

A Nigéria é o maior país de África em termos de população e o 7th maior país do mundo. Lord Lugard, o administrador colonial britânico, unificou as diferentes etnias na nação Nigéria em 1914 (Otite, 2000). Isto aumentou a taxa de interações entre grupos e indivíduos numa política multiétnica, agravando o fenómeno da etnicidade e dos conflitos étnicos. Estes conflitos étnicos foram gerados a partir de condições de reivindicações contestadas sobre o acesso ou o controlo de recursos escassos, percepções opostas por parte de múltiplos utilizadores ou potenciais beneficiários, de recursos limitados e dividendos político-económicos do governo e da governação (Otite, 2000).

De um modo geral, existem dentro e entre grupos étnicos maioritários e minoritários, grupos étnicos fortes, etnocentrismo forte que se manifesta na crença e no sentimento de superioridade de um grupo étnico sobre os outros, desprezando assim a cultura, as crenças e as normas dos outros Roger e Mallam (2003). Os subprodutos deste etnocentrismo são o rancor, a crise, a corrupção, o militarismo étnico, a disputa, a discórdia, o ódio, a intolerância e a rivalidade doentia, que podem ser resumidos como uma nação que vive em desarmonia.

A desarmonia, tal como aqui utilizada, significa desacordo nas opiniões e nas boas relações de trabalho, sob a forma de rancor, crise e azedume. Nestas condições desarmoniosas, prevalece o conflito, um estado de negligência negativa e potencial ameaça inerente à eficácia global da sociedade, que parece ser um modo de vida aceite. Este conflito étnico nos estaleiros de construção é, sem dúvida, um reflexo dos conflitos étnicos na sociedade em geral.

2.5.1 Nigéria em termos étnicos

A seguir à Nova Guiné e à Indonésia, a Nigéria é a terceira nação com maior diversidade linguística e étnica do mundo (Mohammed *et al.,* 2008). Isto reflecte uma nação altamente diversificada etnicamente e uma realidade óbvia dos desafios de uma sociedade verdadeiramente diversificada culturalmente. Esta diversidade afecta todas as áreas da economia, incluindo a indústria da construção, onde se encontra um grande número de pessoas de diversos grupos étnicos com uma variação de padrões culturais (Roger & Mallam, 2003); religião, língua e modo de vida a trabalhar em conjunto. A Nigéria, sendo um país com múltiplos grupos étnicos, é suscetível a conflitos resultantes de diferenças culturais.

2.5.2 Domínio étnico

A dominação de qualquer grupo étnico em qualquer sector da economia do país tem uma implicação importante para a paridade. Na sociedade, pode ver-se claramente que um determinado grupo étnico domina sobre outro, ou seja, a maioria contra a minoria e a exclusão da minoria em certos empregos. Este problema de base étnica, tal como se observa na nossa sociedade, é reproduzido no local de trabalho nigeriano (Roger & Mallam, 2003).

De acordo com Nnoli (1978), algumas caraterísticas da etnicidade são óbvias, como se pode ver a seguir:

a) A etnicidade implica um elemento de consciência comum em relação a outro grupo étnico

b) A etnicidade está presente num país que é constituído por múltiplos grupos étnicos

c) A etnicidade provoca a formação de grupos étnicos internos e externos.

2.5.3 Gestão da diversidade na Nigéria

A Nigéria, enquanto país, é abençoada com recursos humanos muito ricos, distribuídos por diferentes grupos étnicos e línguas. Embora o governo da Nigéria esteja a beneficiar desta diversidade, também se depara com os seus desafios, que muitas vezes se traduzem em conflitos associados a oposições étnicas e religiosas.

A Constituição da Nigéria, tal como previsto na Secção 17, declara que "Todos os cidadãos, sem discriminação por qualquer motivo, têm igualdade de oportunidades para assegurar meios de subsistência satisfatórios, bem como oportunidades adequadas para assegurar um emprego adequado" (Odivwri, 2011). Foram envidados muitos esforços para resolver os desafios da diversidade étnica na Nigéria, que serão analisados em seguida, mas a influência dos líderes políticos agravou estes desafios.

2.5.4 Carácter federal/ Sistema de quotas

O carácter federal é um esforço destinado a gerir a nossa diversidade. A procura culminou na doutrina do "carácter federal", tal como consta da Constituição de 1979, o que significa que a distribuição das nomeações para altos cargos deve refletir a multiplicidade de nacionalidades étnicas que constituem a Nigéria (Mohammed, Prabhakar & White, 2008). Os Estados devem ser geridos de forma semelhante, de modo a refletir a existência de diferentes grupos étnicos nas áreas de governo local.

Do mesmo modo, a NYSC tinha como objetivo integrar as culturas. As políticas terapêuticas do National Youths Services Corps (NYSC), das escolas unitárias e das escolas secundárias do governo federal foram instituídas para a evolução de uma perceção intercultural mais harmoniosa que conduzisse a uma redução dos conflitos inter-étnicos. O National Youths Services Corps é uma política que torna obrigatório que os licenciados nigerianos com menos de trinta anos se submetam a um ano de serviço nacional numa área etno-regional que não a sua (Odivwri, 2011). Acreditava-se que esta medida iria melhorar a compreensão intercultural entre os jovens e os líderes de amanhã.

2.6 Gestão da diversidade étnica

A diversidade é uma questão importante porque a composição demográfica dos trabalhadores mudou drasticamente, uma vez que mais grupos étnicos entraram na força de trabalho. Para serem bem sucedidas, as organizações necessitam de trabalhadores diversificados, de modo a melhorar o desempenho e aumentar a produtividade. A experiência tem revelado que a qualidade da tomada de decisões em termos de diversidade dos trabalhadores é mais rica e mais alargada. O trabalho, as promoções e as recompensas devem ser atribuídos de forma justa e equitativa.

2.6.1 Definição de gestão da diversidade

A gestão da diversidade ou gestão da diversidade é uma ferramenta necessária num mundo cada vez mais diversificado em termos culturais, que utiliza a diversidade das pessoas para atingir objectivos económicos (Lorbiecki & Jack, 2000), bem como para fazer face aos desafios da concorrência. Gilbert, Stead e Ivancevich (1999) e Eddy (2008) definiram praticamente a gestão da diversidade como a implementação deliberada de programas que incorporam todos os indivíduos em processos empresariais que fortalecem a sua pertença a redes informais. É muito importante que a organização crie um ambiente agradável de abertura, apoio igual, justiça e capacitação para todos os funcionários, a fim de acomodar corretamente a diversidade (Gilbert & Ivancevich, 2000). Para que a modificação da cultura organizacional no sentido da diversidade seja bem sucedida, é fundamental o empenhamento da gestão e dos trabalhadores no sucesso da diversidade (Gordon, 1995; Cox, 1993). Cox e Smolinski (1994) consideraram a gestão da diversidade como um esforço prático da direção e dos trabalhadores para reagir aos problemas de uma força de trabalho

culturalmente diversificada, enquanto que os benefícios devem ser apreciados, mantidos e promovidos e as barreiras devem ser atenuadas quando coexistem diferentes ideologias, valores e opiniões.
Thomas, Mack e Montagliani (2006), sobre a gestão da diversidade, salientaram a necessidade de prestar atenção aos riscos potenciais e de os ultrapassar através de um programa expositivo, sistemático e planeado para a empresa, promovendo assim a criatividade e a eficácia em vez de provocar diferenças ou tensões. É igualmente positivo utilizar a gestão da diversidade para promover a compreensão de todos os trabalhadores através do reforço efetivo das capacidades para uma cultura organizacional de apoio e cooperação e uma gestão positiva (Kochan, Bezrukova, Ely, Jackson, Joshi & Jehn, 2003; Ely & Thomas 2001). Na sua opinião, Hollowell (2007) e Eddy (2008) defendem a necessidade de recrutar, desenvolver, formar e promover as minorias, enquanto outros grupos de trabalhadores ou membros da maioria não requerem uma atenção especial. Cox e Smolinski (1994) opuseram-se fortemente a este ponto de vista, afirmando que o mesmo deveria ser reavaliado, uma vez que a investigação revelou que os trabalhadores maioritários são mais afectados pela diversidade cultural, uma vez que necessitam de mais tempo e assistência para se adaptarem a ambientes de trabalho confortáveis do que os trabalhadores minoritários.
Ao reunir vários pontos de vista, este trabalho de investigação considerará a gestão da diversidade como um processo de gestão proactivo que dá lugar a ambientes eficazes e abertos, onde todos os trabalhadores podem maximizar as suas potencialidades, conhecimentos, experiência, competências e capacidades, obter apoio igual e dar espaço a todos os trabalhadores para participarem na organização.

2.6.2 Práticas de gestão da diversidade cultural

Friday e Friday (2003) opinaram que a gestão tradicional dos trabalhadores multiculturais deve ser mantida e permanecer no ângulo da supervisão, coordenação e direção activas. No entanto, Gardenswartz e Rowe (2009) argumentaram que a abordagem tradicional de gestão da força de trabalho não é suficiente; carece de um plano de gestão da diversidade, pelo que esta abordagem de gestão não é adequada para uma organização multicultural cujo objetivo é atingir o pico de produtividade mais elevado possível. Alguns trabalhadores precisam de instruções mais diretas ou de regras de tempo mais rigorosas do que outros, como se pode ver na evitação da incerteza de Hofstede (1980). Além disso, é imperativo que os gestores compreendam a configuração cultural da sua força de trabalho para que os objectivos da organização possam ser alcançados (Gardenswartz & Rowe, 2009).
A ideia comum de que a identificação em termos colectivos ajuda as pessoas a orientar os seus esforços comportamentais para objectivos colectivos parece consistente com os conhecimentos sobre o compromisso organizacional (Mowday, Steers & Porters, 1979), sustentando que os sentimentos de compromisso podem motivar os trabalhadores individuais a comportarem-se de acordo com os objectivos organizacionais. Consistente com isto é uma primeira suposição que decorre de uma abordagem de identidade social para a motivação é que quando as pessoas pensam em si mesmas como parte de uma entidade colectiva, elas são energizadas por diferentes experiências ou eventos do que quando se identificam como indivíduos separados (Ellemers, Spears & Doosje, 2002). Na mesma dimensão, Seymen (2006) argumentou

que as equipas podem ser controladas ao nível da perspetiva da identidade social. Quando os grupos são formados, existem normas e padrões estabelecidos por cada um dos membros do grupo que regem as actividades dos membros do grupo, enquanto o incumpridor é penalizado.

2.6.3 Práticas de gestão da diversidade cultural nas empresas de construção

Apesar da declaração pública das empresas de construção sobre a melhoria das questões de diversidade através da implementação da política de igualdade de oportunidades e do plano de ação para a diversidade, na realidade a diversidade das empresas de construção não melhorou. Isto deve-se em parte à tendência para os trabalhadores móveis e ao facto de as autoridades públicas não incluírem e aplicarem planos de ação de gestão da diversidade como parte da condição de pré-qualificação durante o concurso (Andrew, Amir & Shelagh, 2009).

No entanto, muitas empresas de construção estão a utilizar o estilo de gestão tradicional na gestão da sua força de trabalho diversificada. A maioria dos gestores tradicionalmente ajusta a sua abordagem de gestão para lidar com a força de trabalho diversificada através da rápida emissão de ordens e regras estritas, supervisão apertada sob a forma de organização e controlo da força de trabalho diversificada.

A abordagem de gestão da diversidade utilizada pelas organizações dos Emirados Árabes Unidos (EAU) é a abordagem de assimilação, segundo a qual os trabalhadores de outras culturas se adaptam à cultura dominante (Jameson, 2007). Também muitas organizações, nomeadamente empresas de construção, recorrem a modelos construtivos (Building Design, 2007), formação em diversidade, criação de um portefólio de diversidade, medição e comunicação do desempenho da diversidade como forma de gerir a sua força de trabalho (Loosemore *et al.,* 2012). No entanto, Loosemore *et al.* (2012) criticaram este método de gestão através da teoria da identidade social, argumentando que o facto de o grupo de trabalhadores ser composto por muitos, em vez de diminuir os desafios da diversidade cultural, acentua as diferenças culturais entre o pessoal dos estaleiros.

Além disso, as organizações devem desenvolver inquéritos aos trabalhadores com o objetivo de obter uma ampla informação sobre a diversidade cultural da força de trabalho das organizações (Gardenswartz & Rowe, 2009) através de medições de desempenho eficazes e consistentes sob a forma de uma técnica de reavaliação que compare a produtividade das suas organizações com a de outras (Clement & Jones, 2006).

2.7 Modelo de gestão da diversidade cultural

Uma dessas teorias é a teoria da identidade social, que foi estabelecida pela primeira vez por Henri Tajfel para explicar a psicologia subjacente ao comportamento dentro e fora do grupo (Tajfel & Turner, 1985). Esta teoria explica porque é que os membros do grupo interno tendem a favorecer-se uns aos outros, mas vêem os outros fora do grupo com discórdia. Muitos investigadores, como Loosemore *et al.* (2012), no seu trabalho de investigação sobre a diversidade cultural, exploraram esta teoria de forma construtiva para elucidar a gestão da diversidade.

Existem quatro modelos de aculturação que ajudam as interações entre a força de trabalho diversificada. São eles o modelo de assimilação, o modelo de separação, o modelo de deculturação e o modelo de pluralismo (Elmaddsia, 2011). O primeiro modelo implica que todas as culturas representativas da empresa se adaptem à cultura dominante ou à cultura da empresa. No método de separação, os grupos são limitados por fronteiras estabelecidas ao longo dos diversos grupos. O modelo de deculturação implica que a cultura dominante não é predominante; nesta situação, culturas semelhantes são agrupadas para reduzir os conflitos de diferenças étnicas. Por último, o Pluralismo é um modelo que descreve colaborações entre diversos trabalhadores onde as contribuições dos empregados, independentemente da origem étnica, contam; a dimensão cultural de Hofstede enquadra-se nesta categoria. Isto é básico para as empresas de construção que querem gerir com sucesso a sua força de trabalho diversificada (Clarke, 2003).

2.7.1 Modelo de dimensões culturais de Hofstede

O modelo cultural de Hofstede, entre outros modelos, é o quadro mais amplamente utilizado. Ajuda a compreender a forma como os indivíduos interagem entre si, bem como a determinar os estilos de gestão adequados numa situação e num contexto de trabalho específicos. O modelo de Hofstede apresenta cinco critérios diferentes para definir as culturas nacionais, designados por "dimensões", que ocorrem em quase todas as combinações possíveis (Aluko, 2003). Do mesmo modo, Ming-Yi Wu (2006) reexaminou e efectuou o mesmo estudo que o de Hofstede (1984) em Taiwan e nos Estados Unidos. Na indústria da construção, Ang e Ofori (2001) e Bredillet, Yatim e Ruiz (2010) verificaram que a indústria é suscetível à cultura nacional a nível internacional e local.

Esta ideia constitui o alicerce de uma base teórica para avaliar os diferentes comportamentos das pessoas numa sociedade etnicamente diversificada. A consciência do gestor das diferenças culturais de uma nação para outra ajudá-lo-á a gerir eficazmente a diversidade na organização (Ali, 2006). Outros investigadores afirmaram que a cultura é uma diferença definitiva de atitude (Smith, Peterson & Schwartz, 2002).

2.7.2 As quatro dimensões culturais de Hofstede

Os resultados da investigação de Hofstede (1980) sobre a IBM, que é uma organização internacional e uma grande empresa multicultural, revelaram que as organizações são influenciadas pela cultura através da análise de dados recolhidos em quarenta países diferentes. Também do trabalho de investigação emergiram quatro dimensões culturais: distância ao poder, evitamento da incerteza, individualismo e masculinidade. Estas dimensões culturais foram utilizadas para analisar os valores culturais nas organizações e em diferentes países do mundo.

A primeira dimensão, a distância do poder, é o grau em que a distribuição desigual do poder e da riqueza é tolerada. Pode ser conhecida pelo nível de hierarquia nos locais de trabalho e pela distância entre os estratos sociais. Trata-se da disparidade de poder entre superiores e subordinados numa organização. Nas organizações com elevada distância ao poder, existe um grande fosso entre superiores e subordinados, o que torna difícil ou quase impossível para os subordinados apresentarem as suas ideias, que podem ser úteis para o progresso da organização em termos de sucesso e produtividade. Por conseguinte, uma distância ao poder elevada resulta numa hierarquia organizacional. Por outro lado, numa organização com baixa distância ao poder, existe uma relação mais cordial entre o superior e os subordinados. O subordinado é livre de abordar o superior, oferecendo ideias e sugestões úteis que podem ser consideradas e possivelmente implementadas, o que pode levar ao progresso da organização. A baixa distância ao poder levou a uma estrutura organizacional plana.

A segunda dimensão, a evitação da incerteza, diz respeito basicamente à tolerância das pessoas à incerteza. Refere-se ao grau de medo ou receio que as pessoas sentem perante acontecimentos ou situações incertas. Também tem a ver com a forma como as pessoas lidam com o futuro, quer os acontecimentos estejam sob o seu controlo ou fora dele. Nas organizações com elevada tolerância à incerteza, há mais regras documentadas para reduzir a incerteza, ao passo que nas organizações com baixa tolerância à incerteza, há menos regras e costumes documentados.

A terceira dimensão, individualismo-coletivismo, mede se as pessoas querem trabalhar individualmente ou coletivamente, em equipa. Mostra o grau de integração no grupo: as pessoas com um elevado sentido de valores individualistas preocupam-se mais com a auto-realização e com a progressão na carreira na organização, ao passo que as pessoas com valores individualistas baixos preocupam-se mais com os benefícios organizacionais do que com os seus próprios interesses pessoais. Numa sociedade coletivista, as pessoas trabalham sobretudo em conjunto como uma organização com lealdade absoluta ao grupo. O envolvimento dos gestores com membros de culturas colectivistas deve ter em consideração o sentido de identidade de grupo de cada pessoa. Em caso de conflito, o coletivista esforçar-se-á por defender e proteger os interesses do grupo em vez dos interesses pessoais. Em circunstâncias desagradáveis, um coletivista estará pronto a assumir a responsabilidade de modo a preservar a integridade do grupo. Por conseguinte, os gestores devem evitar colocar uma pessoa num lugar onde tenha de fazer uma escolha entre ela própria e a sua tribo devido à sua preferência pelo seu grupo. A posição pública de um coletivista é predeterminada pelo grupo.

A quarta dimensão, a masculinidade, refere-se aos papéis de género nas organizações. Nas organizações com elevada masculinidade, são menos as mulheres que conseguem atingir uma posição de nível superior e obter um emprego mais bem remunerado. Por outro lado, nas organizações de baixa masculinidade, as mulheres podem atingir qualquer nível de realização profissional. Algumas mulheres têm grandes capacidades, talvez mais do que alguns homens, e poderiam ter um desempenho de excelência se lhes fosse dada uma oportunidade na organização, daí a necessidade de não olhar para a disparidade de género e concentrar-se mais no desempenho, na produtividade e no profissionalismo. As pessoas negligenciam as diferenças culturais nas suas interações quotidianas com outras tribos; esta atitude provoca geralmente conflitos intertribais.

Adams (1963), na sua teoria da equidade da motivação, baseada na igualdade de tratamento das pessoas, afirmou que, em qualquer organização, as pessoas têm tendência para comparar os seus contributos e os correspondentes resultados em termos de recompensas com os de outras pessoas da mesma organização. As pessoas medem os seus contributos em termos de lealdade, educação, capacidade, experiência e esforço, enquanto medem as suas recompensas em termos de reconhecimento, salário, relações sociais e promoção (Olabosipo, 2004). Se alguém pensa que está a receber menos do que está a dar, isso diminui a sua moral para o trabalho e pode resultar no abandono do emprego. Mas quando se é bem recompensado, ou mesmo excessivamente recompensado, haverá motivação para fazer mais, mesmo muito mais.

Khan (1993) concordou que o incentivo fiscal ou não fiscal (promoção) dado aos trabalhadores em caso de bom desempenho melhora e dá energia aos trabalhadores para trabalharem melhor do que antes. Por outro lado, a penalização é aplicada em caso de mau desempenho. Os estudos de Khan (1993) realizados por Hawthorne demonstram que uma mudança na orientação da gestão deve refletir o sentimento de fazer parte de algo significativo e que a satisfação resultante desse sentimento pode ter uma influência significativa na produtividade. Aplicando a teoria da identidade social para resumir as afirmações anteriores, pode deduzir-se que os membros do mesmo grupo de identidade social trabalham coletivamente como uma equipa e certificam-se de que as regras e normas do grupo são cumpridas por todos os membros, de acordo com a dimensão cultural do coletivismo, numa atmosfera de motivação e equidade. Esta atmosfera pode, portanto, oferecer a organizações como as empresas de construção, maiores benefícios em termos de produtividade.

2.8 Resumo da gestão da diversidade cultural

A partir da revisão da literatura de diferentes autores sobre a diversidade cultural e a sua gestão, é evidente que, embora vistos de forma diferente por estes autores com base nas suas percepções e área de interesse, todos concordam que os efeitos negativos da diversidade cultural podem ser atenuados com um plano de gestão eficaz e a sua implementação. O gráfico abaixo descreve a gestão da diversidade cultural nos estaleiros de construção.

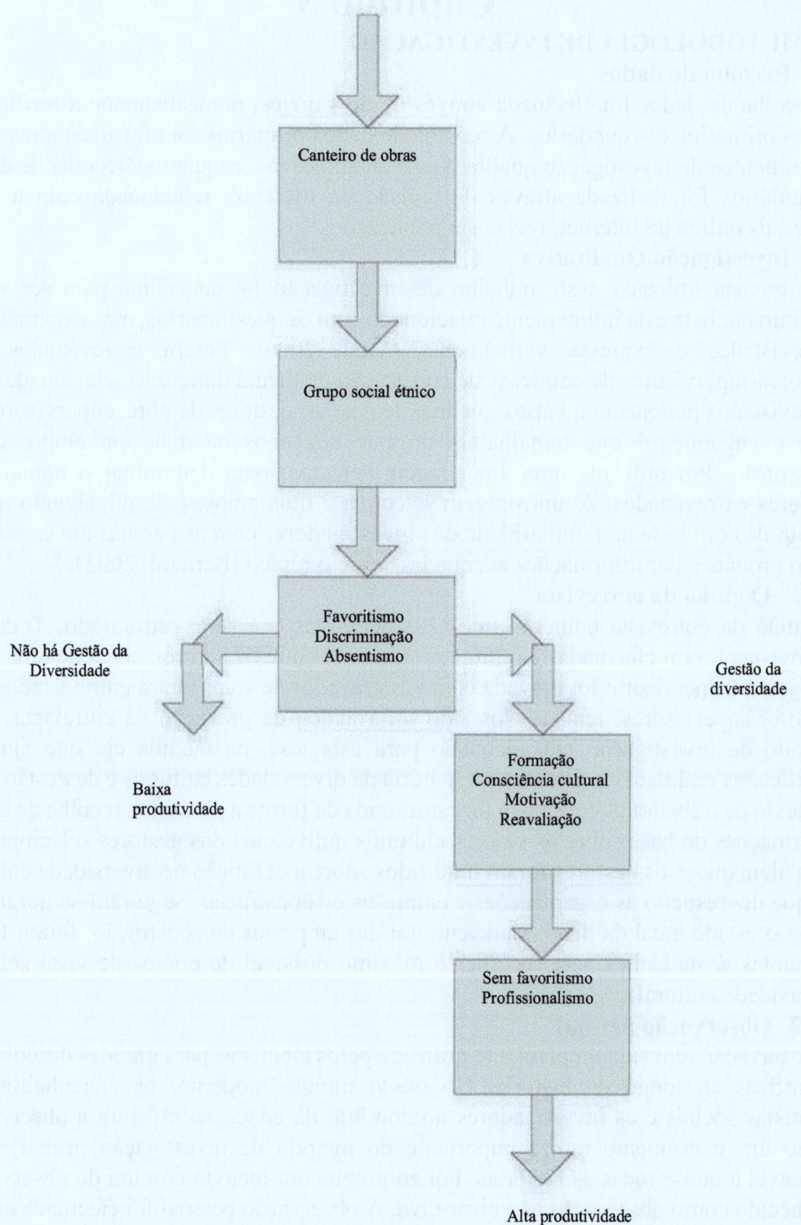

Fig. 2.1: Resumo esquemático da gestão da diversidade cultural
Fonte: Do autor

Capítulo 3

3.0 METODOLOGIA DE INVESTIGAÇÃO

3.1 Recolha de dados

A recolha de dados foi efectuada através de dois meios, nomeadamente a recolha de dados primários e secundários. A recolha de dados primários foi efectuada através de instrumentos de investigação qualitativos e quantitativos, enquanto a recolha de dados secundários foi realizada através da revisão da literatura relacionada com a tese; materiais online da Internet, revistas e publicações.

3.2 Investigação Qualitativa

A entrevista utilizada neste trabalho de investigação foi concebida para ser semi-estruturada. Esta está intimamente relacionada com os questionários, mas a opinião dos entrevistados é expressa verbalmente (Veal, 2006). Foram entrevistados dez gestores/supervisores de empresas de construção de média dimensão selecionadas. Os entrevistados pertencem a vários quadros de gestão; gestores de obra, supervisores de obra e engenheiros que trabalharam durante dez anos ou mais em empresas de construção. Foi utilizada uma amostragem selectiva para determinar o número de gestores entrevistados. A amostragem selectiva é uma amostra de julgamento que é escolhida com base na familiaridade dos investigadores com as pessoas em causa que estão prontas a dar informações adequadas sobre o tópico (Bernard, 2002).

3.2.1 O guião da entrevista

O guião da entrevista contém vinte (20) perguntas e é semi-estruturado. Todas as entrevistas foram efectuadas em língua inglesa. A entrevista durou cerca de uma hora por gestor/supervisor e foi gravada com um gravador de som; foram entrevistados dez gestores/supervisores, tendo todos sido informados da gravação da entrevista. Este método de investigação era adequado para esta tese, na medida em que ajuda a clarificar as realidades existentes em matéria de diversidades culturais e de gestão num contexto de trabalho. A entrevista foi estruturada de forma a permitir a recolha de certas informações de base sobre os valores culturais individuais dos gestores selecionados. Para além disso, os gestores foram inquiridos sobre a definição de diversidade cultural no que diz respeito às organizações e empresas de construção. Seguiram-se perguntas sobre o estado atual da diversidade cultural das empresas de construção; foram feitas perguntas semelhantes para recolher o máximo possível de pontos de vista sobre a diversidade cultural.

3.2.2 Observação pessoal

A observação tem sido amplamente utilizada pelos cientistas para grandes descobertas científicas ao longo da história. No nosso mundo moderno, os engenheiros, os cientistas sociais e os investigadores no domínio da educação utilizam a observação como um instrumento muito importante do método de investigação primária e é aplicável a quase todas as matérias. Foi empregue um método comum de observação conhecido como observação não obstrutiva. A observação pessoal foi efectuada em 20 estaleiros de construção em Abuja; cada estaleiro foi observado durante trinta minutos. As zonas observadas são classificadas da seguinte forma:

1) Dimensão cultural e estatuto

A distribuição do pessoal por grupos étnicos em diferentes actividades no estaleiro de construção em Abuja.

2) Interação: Num estaleiro de construção multicultural, como é que os trabalhadores de diferentes origens étnicas interagem uns com os outros e qual o seu efeito na sua produtividade? Foi observada a forma de comunicação habitualmente utilizada, oficial ou vernácula, e o seu efeito no desempenho e na produtividade.
3) Foram observados vários desafios de uma força de trabalho multicultural que afecta a etnia, o sexo e a religião.
4) Foram observados conflitos sobre os sítios e as causas.
5) Além disso, foram observadas fisicamente várias actividades dentro e fora do grupo em 20 estaleiros de construção selecionados.
6) Estratégias:
   a) Programa de sensibilização cultural implementado no local de construção.
   b) Adaptabilidade e flexibilidade para acomodar diferentes grupos no local de construção.
   c) Criação de uma relação sólida entre grupos étnicos.
   d) Neutralidade no julgamento quando surge um conflito.

3.3 Investigação quantitativa

A investigação quantitativa foi realizada através da administração de um inquérito por questionário anónimo. Foram distribuídos 277 questionários em estaleiros de construção, calculados a partir de uma população de amostragem de 1000 trabalhadores de estaleiros de uma empresa de construção média. Foram devolvidos 220 questionários, o que ultrapassa a dimensão da amostra devolvida (213) necessária para uma população de amostragem de 1000 pessoas, obtida a partir da tabela de determinação da dimensão da amostra produzida por Bartlett, Kotrlik e Higgins (2001), conforme apresentado no Anexo V1, em dados categóricos, com base na dimensão da população 245: empresas de construção que operam atualmente em Abuja (Abuja galleria.com).

O questionário, tal como se pode ver no Anexo I, replicou o questionário do inquérito sobre a dimensão cultural de Hofstede, Values Survey Module 2008 (VSM 08), com algumas perguntas adicionais, ao pessoal do estaleiro e aos gestores. Os questionários apresentam dados sobre a formação do pessoal do estaleiro, valores culturais, opiniões pessoais e outras caraterísticas culturais do pessoal do estaleiro. A unidade de amostragem deste estudo consistiu em empresas de construção em Abuja, basicamente empresas de construção médias, medidas em termos de dimensão da força de trabalho.

3.4 Análise e apresentação de dados

Os instrumentos de estatística descritiva utilizados para analisar os dados obtidos a partir dos questionários são as pontuações médias, o percentil, as tabelas e os gráficos com a ajuda dos programas de software "Microsoft Office Excel 2007 para Windows" e "SPSS 12.0 para Windows" e os resultados são apresentados sob a forma de tabelas, quadros e inferências retiradas dos resultados. Além disso, o formulário da dimensão cultural de Hofstede foi utilizado para determinar as dimensões culturais dos trabalhadores do estaleiro obtidas a partir dos questionários, enquanto a análise de conteúdo foi utilizada para analisar a entrevista e o aspeto de observação pessoal do trabalho.

Na análise quantitativa de conteúdo, segundo o modelo de Maryring (2007), o conteúdo das declarações dos entrevistados é resumido e reformulado pelos investigadores. Isto envolveu a definição de categorias e variáveis, o desenvolvimento de regras de codificação e a recolha de exemplos dos entrevistados que melhor se enquadravam nas categorias e a sua elucidação em conformidade. Também foram efectuadas discussões com base nestes resultados.

3.5 Área de estudo

Abuja está situada no centro geográfico do país, entre os 25 graus de latitude norte e os 9 graus 20' de latitude norte e os 6 graus 45' de latitude leste e os 7 graus 39' de latitude leste. Abuja cobre uma área de cerca de 8000 quilómetros quadrados. As tribos Gwaris, Gades, Gwandaras, Gana-ganas, Koros e Bassa, com uma pequena comunidade Hausas, são os primeiros ocupantes de Abuja. Mas, atualmente, há muitos colonos de todas as línguas da Nigéria.

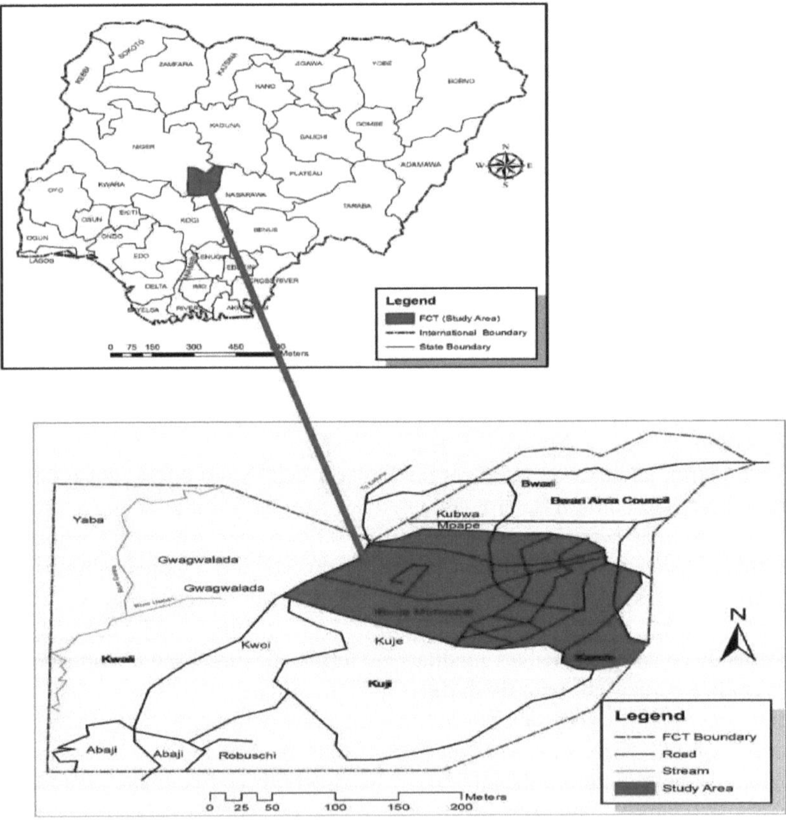

Figura 3.1: Mapa da área de estudo

Fonte: Autoridade Federal de Desenvolvimento da Capital

Capítulo 4

4.0 APRESENTAÇÃO DOS DADOS E DISCUSSÃO DOS RESULTADOS

4.1 Apresentação de dados

Os resultados das observações pessoais, dos questionários e das entrevistas realizadas são apresentados nesta secção. Posteriormente, os resultados são analisados e discutidos em conformidade com a literatura inicial revista. Para ocultar a identidade dos entrevistados, os seus nomes não serão aqui mencionados. Para efeitos da presente investigação, serão designados como gestor um, gestor dois e gestor dez, respetivamente.

4.2 A entrevista

A agenda de codificação no apêndice IV foi utilizada para codificar a entrevista para facilitar a análise de conteúdo, de acordo com Mayring (2007), tal como descrito no capítulo três. As perguntas da entrevista estão divididas em 12 temas, cada tema dividido em diferentes categorias e subcategorias para facilitar a análise de conteúdo.

O primeiro tema centrou-se na definição dos termos diversidade cultural no local de trabalho e disparidades tribais, seguido das melhores práticas adoptadas por cada um dos gestores/supervisores, do seu empenho na diversidade, da influência da diversidade no estilo de trabalho, da experiência adquirida e aprendida e, por último, da formação de líderes em matéria de diversidade. Posteriormente, estes temas são divididos e subdivididos em categorias e subcategorias, respetivamente. As amostras das declarações dos entrevistados são também apresentadas de forma adequada no quadro.

4.2.1 O termo diversidade cultural

A definição de diversidade cultural ainda não foi objeto de uma definição universal, o que se verificou a partir da literatura inicial analisada. Por conseguinte, foi necessário obter as definições e a opinião dos entrevistados sobre a diversidade cultural.

O gestor um define diversidade cultural como "Quando pessoas de tribos diferentes vêm trabalhar juntas num local de trabalho, como um estaleiro de construção. Pessoas de diferentes tribos estão a trabalhar neste estaleiro na proporção de tribos mistas de Yoruba, Hausa, Igbo, Tiv do estado de Benue e outras tribos que estão disponíveis para trabalhar."

Gestor dois: "Pessoas diferentes, de origens diferentes, com entendimentos diferentes das coisas em geral".

Gestor três: "A diversidade cultural pode ser definida como uma tribo semelhante ou diferente que tem o potencial de alcançar resultados num ambiente de trabalho".

Diretor quatro: "A diversidade cultural implica a colaboração entre trabalhadores de diferentes origens étnicas que trabalham numa organização com um único objetivo.

Gestor cinco: "Significa, naturalmente, a coexistência de pessoas de tribos, crenças e religiões diferentes, etc., num ambiente organizacional".

As definições de diversidade cultural dadas pelos entrevistados têm algo em comum: pessoas diferentes, com antecedentes e crenças diferentes, que se juntam de forma cooperativa e são integradas no mesmo local de trabalho para atingir os objectivos da organização, como a produtividade. Aparentemente, isto está em consonância com Cox (2001), que considerou a diversidade cultural como a existência de pessoas de diferentes identidades sociais e culturais num ambiente de trabalho distinto, enquanto

Cox incluía pessoas de diferentes géneros, raças, origens, religiões, idades ou especializações profissionais. A cooperação entre os operadores do estaleiro é imperativa para a realização de uma determinada tarefa; ninguém é uma ilha para si próprio; é necessário o apoio dos outros. Kundu e Turan (1999) também se referiram a ela como pessoas de origens socioculturais diferentes que coexistem num contexto organizacional.

4.2.2 Opinião do entrevistado sobre a diversidade cultural

Primeiro gerente: "Trabalhar lado a lado em colaboração com outros grupos étnicos no local, de forma unânime, para conseguir produtividade e elogios uniformes, com as tribos a serem integradas numa cultura que fará o trabalho avançar."

Segundo o gestor: "A diversidade cultural ocorre quando pessoas de origens étnicas diferentes vêm trabalhar no local para ganhar a vida. Isto só pode ser conseguido alcançando um ponto de fusão na compreensão dos outros para que o trabalho possa progredir."

Gestor três: "Diversas pessoas de diferentes localizações geográficas estão prontas para trabalhar no estaleiro de construção para obter produtividade. Estas pessoas trazem as suas competências e conhecimentos técnicos de forma a que o que falta nas outras tribos possa ser fornecido pelas outras tribos."

Diretor quatro: "As vantagens são maiores quando não olhamos para a nossa origem, mas as desvantagens são maiores quando permitimos o preconceito tribal."

Gestor sete: "Algumas tribos nascem em trabalhos relacionados com a construção; são naturalmente hábeis quando se trata de trabalhos de construção, em comparação com as tribos que foram formadas no trabalho."

Gestor Oito: "A diversidade cultural é fundamental para a transferência de conhecimentos entre as forças de trabalho de uma organização; os trabalhadores aproveitam a riqueza de conhecimentos de outras tribos para se aperfeiçoarem e aumentarem a sua produtividade." Diretor dez: "A diversidade cultural no estaleiro de construção é o recrutamento de várias tribos para trabalhos de construção sem preconceitos."

As percepções dos gestores entrevistados indicam que eles concordam que os trabalhadores do estaleiro de construção são empregados de diferentes grupos étnicos com base na localização do projeto e nas tribos que estão prontamente disponíveis para o trabalho. De acordo com um gestor, há algumas tribos que demonstram um nível mais elevado de profissionalismo devido ao envolvimento precoce nas actividades de construção do que aquelas que têm um período reduzido de formação formal. No entanto, isto exigiu a integração de todas as tribos nos locais de trabalho para trabalharem unanimemente e facilitar a partilha de conhecimentos entre elas. Por conseguinte, para se atingir o equilíbrio, as tribos menos qualificadas devem baixar o seu nível para aprender com as tribos mais qualificadas, enquanto as tribos mais qualificadas devem estar prontas a partilhar os seus conhecimentos com as outras, num espírito de unidade, para que se possa atingir o nível de produtividade desejado. A maioria dos gestores/supervisores inquiridos afirmou que a maior parte dos trabalhadores das suas instalações são heterogéneos, o que explica a distribuição desigual dos artesãos pelos grupos étnicos e a escassez de trabalhadores qualificados.

Gerente um: "Há diferentes tribos nesta secção, mas não há uma divisão entre todos os grupos étnicos; a maior parte dos trabalhadores são Igbos, Yorubas, Tivs e Hausas" Gerente dois: "Claro que há muitas tribos a trabalhar aqui. Os Tivs, Hausas, Igbos e Yorubas".

Gestor três: "Este sítio é heterogéneo e inclui três línguas principais e outras tribos como os Gwaris, os Nupes, os Tivs e os Akwa-iboms"

4.2.3 Tribo principal /Distribuição da força de trabalho

Gerente um: "Os Yorubas dominam devido à indisponibilidade de trabalhadores e à recusa inicial dos indígenas (Gwaris) em trabalhar no local; isto obrigou a direção a transferir trabalhadores do sudoeste e do leste para Abuja para trabalharem e também a recrutar outras tribos disponíveis aqui em Abuja. Para além disso, os Yorubas e os Igbos estão sempre disponíveis, especialmente quando se trata de dinheiro".

Gestor dois: "Os Hauçás dominam quando se trata de trabalho não qualificado, como escavar, que é um trabalho enfadonho, os seus salários são mais baratos do que os das outras tribos; os Hauçás trazem os seus irmãos para trabalhar no local e organizam-se para trabalhar coletivamente. Não há preferências por tribo, uma vez que se pode entregar, é-se o melhor homem para o trabalho".

Gestor três: "Os Tiv dominam este estaleiro porque são trabalhadores e costumam trazer os seus irmãos em massa para trabalhar no estaleiro; são muito bons no trabalho de pedreiro; os Igbos, misturados com algumas outras tribos, tratam normalmente do aspeto elétrico do trabalho; os Hausa escavam e fazem o trabalho dos operários; das minhas relações passadas com os Yorubas, eles têm um sentimento demasiado tribal; segregam e, na maior parte das vezes, querem apoderar-se do nosso trabalho".

A última afirmação do gestor três tem um elemento de preconceito cultural. Baum e Hearns (2007) descobriram que os empregadores, apesar de recrutarem pessoas de diferentes grupos étnicos, também se envolvem em questões de discriminação contra empregados que não são da sua tribo ou de baixo estatuto social. O facto de já se ter desenvolvido um sentimento tribal em relação a uma tribo devido a acontecimentos passados não deixará de afetar a comunicação com essa tribo no local.

Quarto diretor: "Os Hausa dominam o estaleiro ao nível preliminar, como a escavação dos alicerces e o trabalho de mão de obra, os Yorubas dedicam-se ao trabalho de pedreiro e carpinteiro, os Tiv são muito bons a fazer pedra entrelaçada, poucos Gwaris trabalham com ferro e mão de obra, enquanto os Igbos se dedicam mais ao trabalho elétrico e a gestão é basicamente chinesa. O quadro de direção é dominado exclusivamente por chineses, enquanto os trabalhadores indígenas dominam os quadros inferiores e médios, com uma mistura de trabalhadores chineses".

Gestor cinco: "Basicamente, os Yorubas e os Igbos dominam o nível de gestão intermédio; isto tem a ver com o seu nível de educação e de qualificação profissional. Também no nível inferior a distribuição por tribos é, de certa forma, uniforme".

Gestor seis: "As tribos presentes neste sítio são basicamente da República do Benim".

Gestor sete: "Os Igbo são a principal tribo neste local devido à influência dos que estão no topo, que são Igbos por tribo, no entanto, há outras tribos que também trabalham aqui no local".

Diretor oito: "Sem domínio tribal".

Loosemore e Lee (2003), na sua análise dos estaleiros de construção australianos, descobriram que algumas tribos se especializam perfeitamente num determinado aspeto do trabalho (os italianos na betonagem, os coreanos na colocação de azulejos e os chineses no reboco), o que está de acordo com a tendência da distribuição do trabalho nos estaleiros de Abuja, onde algumas tribos se especializam num aspeto do trabalho pelo qual são conhecidas. Se houver trabalhos de escavação de alicerces ou trabalhos de carpintaria, podem procurar os Hausas e os Yorubas, respetivamente. As potencialidades dos diferentes grupos étnicos representam um conjunto mais vasto de mão de obra e de partilha de conhecimentos (Gong, 2008) porque cada grupo étnico tem uma forma única de fazer as coisas.

Quadro 4.1: Tribos homogéneas/heterogéneas

Organizações	**Homogéneo**	**Distribuição dos efectivos**	**Produtividade**
Organização um	-	Os Igbos, os Yorubas, os Tivs e os Hausas.	Influenciar positivamente a produtividade até certo ponto.
Organização dois	-	Os Tivs, Hausas, Igbos e Yorubas.	A diversidade influenciou positivamente o estilo de trabalho, mas não totalmente
Organização três	-	Gwaris, os Nupes, os Tivs e os Akwa-Iboms.	Novos conhecimentos e inovações adquiridos a partir dos vários estilos de trabalho do pessoal do sítio.
Organização quatro	-	Os Yorubas, Igbos, Hausas, Tivs, Akwa-ibom, Gwaris, Chineses.	Impacto positivo, mas não totalmente na produtividade.

Organização cinco	-	Os Hausas, Igbos, Yorubas, Akwa-ibom, Germanos, Fulani, Edo, Bernue.	A diversidade tem uma influência positiva no estilo de trabalho e na produtividade.
Organização seis	-	Os Hausas, Igbos, Yorubas, Ibiobio, Germanos, Fulani, Edo, Bernue.	Impacto positivo na produtividade; o nível de produtividade desejado ainda não foi atingido.
Organização sete	Trabalhadores da República do Benim.	-	O coletivismo é ativado mas as inovações são reduzidas devido ao mesmo estilo de trabalho.

Fonte: Inquérito de campo (2013)

A maioria dos locais de trabalho dos entrevistados é composta por uma mão de obra diversificada, mas, por outro lado, apesar da escassez de trabalhadores qualificados, dois dos gestores continuam a desejar que a sua mão de obra seja homogénea por razões de segurança, o que se pode deduzir ser a razão pela qual alguns sectores do comércio estão homogeneizados. Por exemplo, a partir da observação pessoal feita num dos locais visitados, a força de trabalho é composta basicamente por estrangeiros da República do Benim, trazidos do Benim por causa da sua competência nesse aspeto do trabalho e por razões de segurança. Os trabalhadores falavam basicamente na sua língua local no local; embora o Engenheiro do local, um homem do Benim, tenha dado audiência ao investigador, não permitiu o acesso total ao local para interagir com os seus trabalhadores, dizendo que a informação dada por ele nos questionários deveria ser utilizada por outros. Isto revela uma natureza coletivista que vê todos os membros do grupo como um só; os direitos do grupo são protegidos.

4.2.4 Desafios de um local de trabalho cada vez mais diversificado

A literatura sobre diversidade cultural estabeleceu que os locais de trabalho diversificados enfrentam muitos desafios. A questão da diversidade cultural não pode ser totalmente evitada, na medida em que a força de trabalho é constituída por diferentes tribos. Os entrevistados também se confrontam com desafios semelhantes, alguns diretamente e outros indiretamente.

Gestor um: "Coordenação inadequada devido ao comportamento ambíguo e imprevisível de algumas tribos. Algumas tribos são imprevisíveis, especialmente quando não se consegue comunicar na sua língua".

Os dois diretores descreveram os desafios como: "Favoritismo, complexo de superioridade, complexo de inferioridade, barreira linguística, ocultação de conhecimentos, preconceitos culturais". O gestor três, no entanto, fala do ângulo da identidade social: "As tribos que formam uma identidade social em conjunto têm, por vezes, de utilizar regras e instruções rigorosas para que trabalhem eficazmente, devido ao vínculo de equipa que já criaram. Também existe o desafio da barreira linguística e religiosa. Os Hausas, sabendo que em breve irão rezar, costumam misturar muito betão, partindo do princípio de que podem terminar antes da hora, mas infelizmente não o fazem e, quando chega a hora das orações, todos partem para rezar, sem que qualquer súplica os leve a fazer o trabalho e, se insistirmos, isso pode dar origem a lutas sérias no local.

Gestor oito: "O maior desafio tem sido a barreira linguística, a diversidade de estilos de trabalho e de crenças".

Gerente nove: "Quanto mais diversificado for o local de trabalho, maior será a tendência para a segregação tribal, a intolerância, a barreira linguística, as conversas fúteis, a discriminação e o serviço de atendimento aos olhos, que têm um impacto negativo na produtividade".

4.2.5 Problemas que surgem na equipa

Aparentemente, existem problemas que emanam da equipa, tal como se depreende da literatura. O trabalho de campo também autentica esta afirmação a partir da revelação feita pelos entrevistados.

Gerente um: "Os problemas são enormes: sentimentos tribais, brigas, roubos, favoritismo, preconceitos, serviço de olho, afiliação tribal, mal-entendidos devido a barreiras linguísticas são problemas que se verificam normalmente nas equipas".

Gestores dois e três: "Há problemas de preguiça, falta de indulgência, preconceitos tribais, serviço deficiente, desperdício de recursos materiais, barreira linguística, algumas tribos coniventes para roubar, como é o caso dos Tiv, que, apesar de trabalharem arduamente, roubam no local". Gestor quatro: "O principal problema é o problema financeiro, como afetar recursos a uma força de trabalho diversificada".

Gerente cinco: "O principal problema é o problema financeiro, como afetar recursos a uma força de trabalho diversificada".

Gerente sete: "Mal-entendido, deturpação, barreira linguística, limite de equipa".

Gestores oito, nove e dez: "A supervisão inadequada, a identidade social e os limites do trabalho de equipa são alguns dos problemas que surgem na equipa".

Quadro 4.2: Problemas que surgem na equipa

Entrevistados	Problemas
Gestor um	Sentimento tribal, lutas, roubos, favoritismo, preconceitos, serviço de olho, filiação tribal, mal-entendidos devido a barreiras linguísticas.

Gestor dois e três	Preguiça, falta de indulgência, preconceitos tribais, serviço à vista, desperdício de recursos materiais, roubo, barreira linguística, algumas tribos coniventes com o roubo, como os Tiv; embora os trabalhadores roubem no local.
Gestor quatro	O principal problema é o problema financeiro, ou seja, como afetar recursos a uma força de trabalho diversificada.
Gestor cinco	Brigas, favoritismo, complexo de superioridade, limites do trabalho em equipa.
Gerente seis	Complexo de inferioridade, monotonia no estilo de trabalho.
Gestor sete	Mal-entendido, deturpação, barreira linguística, limite de equipa.
Gestor oito, nove e dez	A supervisão inadequada, a identidade social e os limites do trabalho em equipa são alguns dos problemas que surgem na equipa".

Fonte: Inquérito de campo (2013)

4.2.6 Influência da diversidade no estilo de trabalho

Gestor 2: "A diversidade influenciou positivamente o meu estilo de trabalho através da partilha de conhecimentos e de novas inovações que afectaram positivamente a produtividade dos trabalhadores no local".

Gestor três: "Novos conhecimentos e inovações adquiridos a partir dos vários estilos de trabalho do pessoal do estaleiro".

Gestor cinco: "A diversidade influenciou positivamente o meu estilo de trabalho; a partilha de conhecimentos expôs-me a coisas novas".

Gestor seis: "Inicialmente, havia problemas de sentimentos tribais com o seu resultado negativo em termos de produtividade, mas com o passar do tempo cada tribo começou a compreender-se mutuamente; a diversidade cultural teve um impacto positivo na produtividade, embora ainda não tenhamos atingido a produtividade desejada".

4.2.7 Cooperação em equipa

Gerente um: "Por experiência, a maioria dos trabalhadores prefere trabalhar em equipa devido à natureza do trabalho de construção; é sobretudo um trabalho coletivo".

Gestor 2: "Alguns trabalhadores escondem-se sob a capa do trabalho de equipa, fazendo menos trabalho, enquanto outros, que fazem mais trabalho, estão

sobrecarregados com o trabalho; isto gera normalmente brigas e queixas".
Gestor três: "A maioria das pessoas prefere trabalhar em equipa, mas para evitar a ociosidade e a injustiça, a tarefa é especificamente distribuída de forma igual entre os trabalhadores da equipa".
Diretor quatro: "A maior parte das pessoas gosta de trabalhar em grupo e tende a segregar-se em tribos dentro da equipa".
Gerente cinco: "As obras de construção estão interligadas e os trabalhadores da obra não podem passar sem os outros, pelo que as pessoas preferem trabalhar em equipa".
Gestor seis: "Uma forma perfeita de realizar trabalhos de construção é incorporar o trabalho em equipa; isto aumenta a cooperação".
Gestor sete: "Os trabalhadores têm um bom desempenho quando são colocados em equipa: um ambiente que estimula a coesão da equipa e aumenta a partilha de conhecimentos entre os trabalhadores".
Gestor oito: "Prefiro trabalhar em grupo, mas quando se nota preguiça e segregação tribal, as equipas são normalmente reorganizadas".

4.2.8 Fluxo de comunicação das organizações

Gestor um: "O sistema de estrutura organizacional formal funciona aqui, no entanto, por vezes, em casos de emergência, a hierarquia estabelecida pode ser alterada. Há formas de o fazer".
Gestor 2: "A estrutura organizacional deste sítio é formal".
Gestor três: "Aqui funciona uma estrutura organizacional informal".
Gestor quatro: "O fluxo de comunicação é formal. Existe um fluxo de comunicação de cima para baixo e vice-versa".
Gestor cinco: "A organização é formal".
Gestor 6: "A estrutura da organização é formal".
Gestor sete: "A estrutura da organização é semi-formal; é semi-formal no sentido em que permite uma interação informal entre o subordinado e a direção quando surgem questões de atenção urgente".
Os gestores oito, nove e dez, respetivamente, afirmaram que as suas organizações funcionam com uma estrutura formal. 67% dos Diretores/Supervisores afirmaram que as suas empresas dispõem de um sistema organizacional formal, o que significa que existe uma cadeia de comando dentro do sistema.

Quadro 4.3: Fluxo de comunicação da organização

Entrevistados	Estrutura da organização
Gestor um	Formal
Gestor dois	Formal
Gestor três	Informal
Gestor quatro	Formal

Gestor cinco	Formal
Gerente seis	Formal
Gestor sete	Semi-formal

Fonte: Inquérito de campo (2013)

4.2.9 Colmatar o défice de comunicação

Gerente um: "Basicamente, a língua inglesa e a língua pidgin são o modo de comunicação, mas ainda se consegue ouvir muitos dos trabalhadores do estaleiro a comunicar entre as suas tribos nas suas línguas locais".

Gestor 2: "Língua geral (inglês e inglês pidgin) para a maioria da tribo; no entanto, os outros que compreendem o hauçá recorrem à língua hauçá para falar com os hauçás. Para colmatar o fosso, as ideias dos subordinados são processadas e deixadas passar através dos canais estabelecidos: chefes, engenheiros, diretores e, finalmente, para a direção de topo, para atenção, mas em situações de preconceito tribal por parte de um superior, o subordinado é livre de passar do chefe imediato para o superior seguinte que o ouvirá e o assunto será transmitido aos sectores apropriados".

Gestor três: "A língua pidgin e a língua hauçá são as principais línguas; a maioria dos hauçás não sabe falar inglês/idioma pidgin, zanga-se à mínima provocação, especialmente no domínio da religião e da língua".

Diretor quatro: "Os meios de comunicação são a língua pidgin e a língua hauçá, no que diz respeito a esta outra parte da Nigéria. Não se pode realmente ter sucesso no trabalho de construção sem compreender a língua hauçá, porque se precisa mais dela e os seus serviços são mais baratos do que os de outras tribos".

Gestor cinco: "Língua inglesa e utilização de intérpretes para comunicar. Não obstante a organização formal, a organização prevê disposições que permitem que os trabalhadores que não conseguiram obter a atenção do seu superior direto devido a sentimentos tribais se dirijam ao chefe superior seguinte".

Gerente seis: "A língua inglesa e o inglês pidgin são as duas línguas gerais de interação no local. Os subordinados podem dirigir-se diretamente ao chefe branco para exprimir e partilhar os seus conhecimentos se o seu superior imediato não lhes der atenção".

Gestor sete: "Língua inglesa, Pidgin e Hausa com um pouco de língua de trabalho chinesa".

As dificuldades de comunicação resultantes das diferenças linguísticas afectam as interações entre as tribos. Loosemore e Lee (2003) descobriram que a associação de certas profissões a certos grupos étnicos (italianos na betonagem, coreanos nos azulejos e chineses no reboco) aumenta a complexidade dos problemas linguísticos. Afirmou ainda que a intensidade dos problemas de comunicação se torna mais difícil quando trabalhadores de diferentes subcontratantes têm de trabalhar em conjunto.

Quadro 4.4: Lacuna de comunicação

Entrevistados	**Ponte de comunicação**
Gestor um	Língua inglesa, inglês pidgin, hausa e outras línguas locais.
Gestor dois	Língua inglesa, inglês pidgin.
Gestor três	Língua inglesa e hausa.
Gestor quatro	Mistura de inglês, inglês pidgin, hausa e língua de trabalho chinesa.
Gestor cinco	Inglês pidgin e hausa.
Gerente seis	Inglês pidgin e hausa.
Gestor sete	Fala principalmente a língua tribal da República do Benim.
Gestores oito, nove e dez	Inglês pidgin, hausa e inglês.

Fonte: Inquérito de campo (2013)

4.2.10 Adoção de boas práticas em matéria de diversidade cultural

Gerente um: "Só recentemente, quando a empresa descobriu a necessidade disso, é que os trabalhadores receberam formação sobre diversidade cultural". Os trabalhadores são selecionados de acordo com o grupo étnico e enviados para formação; 40% dos Igbos podem ser selecionados este ano, enquanto outra tribo é selecionada no próximo ano para a formação seguinte". Para além disso, os supervisores dão palestras de manhã cedo sobre sensibilização cultural e tolerância tribal.

Gestor 2: "Não há formação formal dos trabalhadores em matéria de diversidade".

Gestor três: "Não existe formação formal em matéria de diversidade, foram dadas palestras e regras estritas aos trabalhadores".

Gestor quatro: "Não há adoção de boas práticas, mas sim experiência e conhecimentos adquiridos para as gerir".

Gerente cinco: "A melhor prática adoptada até à data é a realização de palestras sobre sensibilização cultural". Gestor 6: "Não existe formação em diversidade cultural para os trabalhadores".

Gestor sete: "Não é dada formalmente aos trabalhadores qualquer formação sobre diversidade cultural".

Os gestores oito a dez também têm a mesma opinião que a anterior.

A maioria dos gestores/supervisores não recebeu formação em diversidade cultural, embora alguns tenham afirmado tê-la recebido, no entanto, devido à exposição e interação com muitas tribos, foram capazes de as supervisionar e gerir nos locais. Os entrevistados também notaram que isto não tem sido realmente fácil porque cada obra de construção vem com os seus diferentes desafios que necessitam de atenção e reação diferentes em termos de coordenação da força de trabalho. Por conseguinte, pode inferir-se que os estaleiros de construção em Abuja não atingiram realmente o potencial necessário para promover uma força de trabalho diversificada. As instituições e organizações que valorizam os membros de grupos étnicos altamente qualificados mantêm-nos através de formação e desenvolvimento de carreira, obtendo benefícios económicos (Gong, 2008).

Quadro 4.5: Boas práticas adoptadas em matéria de diversidade cultural

Entrevistados	Melhores práticas de diversidade	Gestão	Formação em diversidade
Gestor um	Não há. Palestras matinais sobre tolerância cultural.	Gestão tradicional.	Formação formal.
Gestor dois	Não foram adoptadas boas práticas.	Método tradicional.	Sem formação formal
Gestor três	Os trabalhadores foram convidados a falar e a adotar regras rigorosas.	Método tradicional.	Sem formação formal.
Gestor quatro	Não há adoção de boas práticas, mas sim experiência e conhecimentos adquiridos para as gerir.	Método tradicional.	Sem formação formal.
Gestor cinco	Palestras sobre sensibilização cultural.	Método tradicional.	Sem formação formal.
Gerente seis	Nenhum.	Método tradicional.	Sem formação formal.
Gestor sete	Nenhum	Método tradicional.	Sem formação formal.
Gestores oito, nove e dez	Nenhum	Método tradicional.	Sem formação formal.

Fonte: Inquérito de campo (2013)

4.2.11 Razões possíveis para a perda de emprego dos trabalhadores

Gestor um: "Os sentimentos tribais evidentes, as lutas, o consumo de álcool e o absentismo incessante são inaceitáveis no local, o que normalmente implica a suspensão ou a cessação da nomeação, conforme o caso, nas respectivas tribos de origem do infrator".

Gestor dois: "A falta de respeito pelo superior, a violação das regras do sítio, as brigas, o uso de palavras abusivas, a preguiça".

O terceiro gerente: "Luta, insubordinação após várias cartas de advertência".

Diretor quatro: "Brigas no local, absentismo incessante".

Gerente cinco: "Brigas, preguiça no trabalho, insubordinação, roubos, absentismo incessante".

Gerente seis: "Roubo, luta, uso de palavras abusivas, absentismo, insubordinação".

Gestor sete: "Lutar contra o incumprimento das regras e regulamentos da empresa".

Os gestores oito, nove e dez, respetivamente, também afirmaram que as lutas e os roubos no local são a principal razão pela qual os trabalhadores perdem os seus empregos.

As brigas, os roubos e o incumprimento das instruções foram frequentemente mencionados pelos diretores/supervisores como razões para o despedimento dos trabalhadores. Ao aprofundar as causas que levam os trabalhadores a brigar, descobriu-se que as brigas ocorrem frequentemente entre trabalhadores de tribos diferentes por divergência de opinião. Isto é semelhante ao que aconteceu num dos locais observados, onde um carpinteiro e um pedreiro de tribos diferentes trocaram palavras desagradáveis por causa de ferramentas e da eliminação de materiais no segundo andar do local de construção inacabado. Este cenário não só atraiu e desviou a atenção de outros trabalhadores do seu trabalho para a cena, como também interrompeu o trabalho da secção por vezes, tendo um impacto negativo na produtividade. Há casos em que trabalhadores da mesma tribo colaboraram entre si para roubar e sabotar os recursos da empresa. O despedimento de trabalhadores, especialmente de trabalhadores com recursos, nos quais a empresa investiu muitos recursos e dos quais os outros trabalhadores dependem, pode resultar em distorção do trabalho, baixa moral e custos adicionais para a empresa para formar outro trabalhador ou obter um substituto.

Gestor 2: "Existe segurança no emprego, os trabalhadores não podem ser despedidos de qualquer forma pelo seu patrão devido às intervenções do sindicato, a única coisa que pode ser feita é o seu patrão direto pedir a sua transferência para outra secção, o que pode ser concedido com base num motivo justificável".

Gestor três: "Quando a empresa fica sem contrato. Os trabalhadores mais afectados são os de nível baixo e médio e, em última análise, os Hausas são os mais afectados devido ao seu baixo nível de escolaridade, que os limita a trabalhar como operários".

Quadro 4.6: Razões possíveis para os trabalhadores perderem os seus empregos

Entrevistados	**Razões possíveis para a perda de emprego dos trabalhadores**
Gestor um	Sentimento tribal, lutas, consumo de álcool, incessante Absentismo

Gestor dois	A falta de respeito pelos superiores, a violação das regras do sítio, as brigas, o uso de palavras abusivas e a preguiça".
Gestor três	Combate, insubordinação após várias cartas de advertência.
Gestor quatro	Brigas no local, absentismo incessante.
Gestor cinco	Brigas, preguiça no trabalho, insubordinação, roubo, absentismo incessante
Gerente seis	Roubo, luta, uso de palavras abusivas, absentismo, Insubordinação.
Gestor sete	Lutar, não respeitar as regras e os regulamentos da empresa.
Gestor oito, nove e dez	Lutar e roubar.

Fonte: Inquérito de campo (2013)

4.2.12 Paridade de motivação

Gerente um: "Existe uma motivação uniforme, que se baseia no fornecimento de alimentos e nos bónus de fim de ano".

Gestor dois: "É feito de forma uniforme; há o aumento geral de janeiro e os bónus de fim de ano, há também incentivos do chefe de secção aos seus trabalhadores com base na recomendação dos capatazes".

Gerente um: "A motivação é feita sob a forma de incentivos; são dados bónus aos trabalhadores de todos os grupos étnicos. Além disso, os trabalhadores diligentes dos supervisores estão a ser recompensados"

Gestor três: "Os trabalhadores são motivados com base no seu desempenho e na recomendação do seu superior direto".

Gestor quatro: "Sem dúvida que há muitas motivações; estas dependem também da recomendação do chefe direto dos trabalhadores".

Gestor cinco: "À primeira vista, sim, a motivação parece uniforme, mas ainda existem algumas pequenas discrepâncias na divulgação destes incentivos; por vezes, os trabalhadores recebem mais em função da recomendação do chefe".

Gerente seis: "Os trabalhadores estão uniformemente motivados; isso também depende da recomendação do superior".

A maioria dos gestores testemunhou que a motivação dos seus trabalhadores depende uniformemente da recomendação do seu chefe direto. Numa situação em que o chefe direto, por sentimento tribal em relação aos subordinados, não os recomenda para os bónus e incentivos de fim de ano, pode levar a uma baixa moral e frustração por parte do trabalhador. A análise dos dados do questionário (Thrift-economies) mostra que as pessoas não estão satisfeitas financeiramente, razão pela qual a maioria delas rouba no local e é arrogante em relação aos seus superiores. Da mesma forma, Seymen (2006) observou que as equipas podem ser controladas ao nível da perspetiva da identidade social. Quando os grupos são formados, existem normas e padrões estabelecidos por cada um dos membros do grupo que regem as actividades dos membros do grupo, enquanto o incumpridor é penalizado. Os gestores podem tirar partido da fidelidade dos membros ao grupo para melhorar a produtividade, reforçando a autoestima dos grupos através de uma motivação adequada da força de trabalho. Khan (1993) concordou que o incentivo fiscal ou não fiscal (promoção) dado aos trabalhadores por um bom desempenho melhora e dá energia aos trabalhadores para trabalharem melhor do que antes. Se alguém pensa que está a receber menos do que está a dar, isso diminui o seu moral para o trabalho e pode resultar no abandono do emprego. Mas quando alguém é bem recompensado, ou mesmo recompensado em excesso, a pessoa tende a ter um melhor desempenho.

4.2.13 O papel das mulheres no estaleiro de construção

A maior parte das empresas considerou empregar homens em vez de mulheres, uma vez que os homens são vistos como tendo uma capacidade superior para trabalhar no seu pico máximo de forma eficaz em comparação com as mulheres (Leonard e Levine, 2003); estes rotularam as mulheres como inferiores, no entanto, muitos dos gestores e supervisores entrevistados deram a sua própria opinião a seguir:

Gerente um: "Neste estaleiro, as mulheres fazem basicamente o trabalho de escritório, o enchimento de juntas para o trabalho de ladrilho e também o controlo do tempo e do armazém, porque, devido à sua feminilidade, não estão envolvidas em trabalhos fastidiosos. Também há mulheres engenheiras, mas são muito poucas em comparação com os homens".

Gestor dois: "As mulheres são empregadas como cozinheiras e também para ir buscar água ao local". Gestor três: "As mulheres trabalham como cozinheiras, vão buscar água ao local, fornecem lascas de madeira e areia".

Diretor quatro: "As mulheres deste sítio dedicam-se à recolha de água, são cozinheiras e trabalhadoras de escritório".

Gerente cinco: "As mulheres trabalham no local como empregadas de escritório/armazenistas".

Há culturas que acreditam que as mulheres são inferiores aos homens. Quando essas pessoas se vêem sob a liderança de mulheres no local de trabalho ou como colegas, normalmente dão um ar de superioridade e tendem a não aceitar instruções delas. A dimensão masculinidade/feminilidade da dimensão cultural de Hofstede retrata uma situação feminina em que os trabalhadores são tratados com respeito, amor, compreensão e não com agressividade. Infelizmente, o trabalho na construção não é afirmativo. A partir do feedback dos gestores entrevistados acima, a maioria deles estabeleceu que o trabalho de construção é de natureza masculina e entediante, na medida em que necessita de pessoas de espírito forte para levar o trabalho até ao fim. Esta crença é verdadeira nos estaleiros de construção em Abuja. A partir da observação pessoal efectuada, há alguns locais onde as mulheres não são empregadas para trabalhar, nem sequer foram vistas como engenheiras, gestoras, cozinheiras ou guardas de armazém, o que confirma a crença de que o trabalho de construção não se destina a mulheres. Este facto confirma verdadeiramente a natureza masculina do trabalho de construção.

4.2.14 Apoio à diversidade cultural

Muitos dos entrevistados estavam empenhados na diversidade cultural das seguintes formas

Gestor um: "Fundir diferentes tribos e geri-las habilmente para garantir a produtividade". O gestor um mencionou no conteúdo da declaração a palavra "habilmente"; isto implica um estudo sério de todas as tribos que trabalham no local em termos das suas crenças, atitudes e comportamento, de modo a misturá-las.

Os dois compromissos do gestor para com a diversidade não tinham qualquer preconceito tribal que isso implicasse: "Dar a todas as tribos a oportunidade de trabalhar no sítio".

Gestor três: "Sendo um exemplo para eles e incentivando também as interações sociais entre eles".

Gestor Quatro: "Misturar sempre os trabalhadores do estaleiro para trabalharem em grupo e não os segregar".

Gerente cinco: "A diversidade é plenamente apoiada na distribuição do trabalho, onde se misturam trabalhadores de diferentes tribos".

Gerente seis: "Misturar os trabalhadores do estaleiro nas suas várias unidades torna a força de trabalho heterogénea".

Gestor sete: "Iniciar interações e amizades sociais com outras tribos no local".

Todos os entrevistados afirmaram estar empenhados na diversidade cultural e em gerir os trabalhadores da melhor forma possível. Além disso, é imperativo que os gestores compreendam a configuração cultural da sua força de trabalho para que os objectivos da organização possam ser alcançados (Gardenswartz & Rowe, 2009).

4.2.15 Incorporar/gerir a diversidade no trabalho

Isto para verificar se a sua profissão verbal de compromisso com a diversidade está realmente a ser posta em prática. Seguem-se algumas das formas como muitos deles a incorporam no local:

Gestor um: "Manter a unidade entre os trabalhadores e demonstrá-la através do exemplo".

Gestor dois: "Aprender a língua de cada tribo no local tornou-se um hábito meu; pelo menos a sua língua de trabalho principal".

Gestor três: "Fazendo o inventário das tribos no local, as que pertencem à mesma profissão são normalmente agrupadas em equipas para permitir a partilha de conhecimentos entre elas e aumentar a produtividade".

Gerir quatro: "Aprender com a maneira de fazer as coisas de outras tribos, apesar de estar educativamente informado sobre o trabalho de construção, é uma boa maneira de incorporar a diversidade no local".

Gestor oito: "Aprender a compreender a língua dos outros, por exemplo, alguns trabalhadores do estaleiro podem comunicar em diferentes línguas, incluindo a língua alemã, vital para o trabalho de construção".

Diretor nove: "Aprender a compreender e a tolerar a língua e as crenças culturais das outras pessoas, respetivamente".

Cada um dos entrevistados tem um estilo diferente de gestão da sua força de trabalho. Um aspeto que sobressai das suas declarações é o facto de haver um empenho pessoal na gestão da diversidade. A maior parte deles é condescendente com o nível dos seus trabalhadores para os aprender e compreender. Aprender e compreender as diferentes tribos é um aspeto integrante, mas não completo, da gestão da diversidade, através do qual alguns conhecimentos vitais foram transmitidos de uma tribo para a outra.

4.2.16 A realidade da diversidade no local

Gestor um: "Encorajar cada tribo a tolerar-se mutuamente e misturá-las para quebrar as identidades sociais tribais das mesmas que trabalham em estreita proximidade, o que pode fomentar a preguiça e a discriminação".

Gestor 2: "Os trabalhadores são encorajados e aconselhados, especialmente os que são afectados emocionalmente devido à discriminação, a não abandonarem o emprego devido à atitude dos outros para com eles".

Gerente Três: "A unidade e a unicidade estão a ser encorajadas entre os trabalhadores do estaleiro".

4.2.17 Limitar o impacto negativo da diversidade cultural

Embora a maioria não tenha formação formal sobre diversidade, isto significa que a maior parte das empresas de construção não desenvolveu um plano de gestão da diversidade para os seus gestores. No entanto, muitos dos entrevistados testemunharam que gerem a força de trabalho da forma tradicional de supervisão e coordenação, o que está de acordo com Friday e Friday (2003), que afirmaram que a gestão tradicional dos trabalhadores multiculturais é sustentada e permanece no ângulo da supervisão, coordenação e direção activas.

No entanto, Gardenswartz e Rowe (2009) opinaram que a abordagem tradicional de gestão da força de trabalho não é suficiente; carece de um plano de gestão da diversidade, pelo que esta abordagem de gestão não é adequada para uma organização multicultural cujo objetivo é atingir o pico de produtividade mais elevado possível. Os pontos de vista dos entrevistados são apresentados de seguida:

Gestor um: "Estabelecer regras rigorosas no local, tais como não comunicar com línguas tribais, proibir as brincadeiras e a discriminação".

Gestor 2: "Os trabalhadores são normalmente reconciliados sempre que há mal-entendidos através de uma agência mediadora que envolve o gestor e alguns supervisores".

O quinto diretor: "Encorajar os trabalhadores a trabalhar mesmo quando o tempo coincide com o tempo de oração, especialmente em trabalhos concretos; por vezes, a tribo envolvida mostra-se compreensiva".

Gestor sete: "O impacto negativo da diversidade pode ser atenuado através da tolerância, da paciência e da vontade de aprender com os outros".

Gestor oito: "O diálogo e a tolerância mútua podem contribuir muito para reduzir os problemas de diversidade".

As instruções transmitidas aos trabalhadores requerem um estilo diferente de aplicação por parte dos supervisores devido à diferença na tolerância ao risco dos trabalhadores, tal como retratado numa das dimensões (evitamento da incerteza) de Hofstede (1980).

Assim, é imperativo que os gestores compreendam a configuração cultural da sua força de trabalho para que os objectivos da organização possam ser alcançados (Gardenswartz & Rowe, 2009).

4.2.18 Continuidade da diversidade cultural

Gestor um: "A continuidade da diversidade cultural é definitiva, tendo em conta os benefícios para a organização".

Gestor três: "A diversidade cultural veio para ficar; o trabalho no local exigia a partilha de conhecimentos entre diferentes tribos para atingir os objectivos do projeto".

Gerente cinco: "A diversidade cultural deve ser incentivada a todos os níveis do trabalho no estaleiro".

Gestor sete: "A diversidade cultural vai ser contínua, tendo em conta as diferentes tribos que entram na construção para fazer face às despesas".

Gestor oito: "A continuidade da diversidade cultural é inevitável".

A literatura sobre a diversidade cultural revela disparidades de pontos de vista entre os investigadores (Adler, 2002), alguns a favor da diversidade cultural (heterogénea) e outros contra a diversidade cultural (homogénea), porque estes últimos apenas se debruçam sobre os problemas e a diversidade, sem ver verdadeiramente as vantagens do seu contributo significativo para a produtividade global de uma organização (Adler, 2002). Muitos destes investigadores mantêm-se estritamente fiéis às suas conclusões empíricas sobre a diversidade cultural, avaliando a homogeneidade da força de trabalho em detrimento da heterogeneidade, não tendo em consideração algumas profissões, como os estaleiros de construção, que necessitam da incorporação do trabalho em equipa para atingir os objectivos básicos da empresa, que é a produtividade. No entanto, pelo contrário, as crenças partilhadas pelos entrevistados sobre a continuidade da diversidade testemunham e promulgam a vantagem da força de trabalho diversificada em relação à força de trabalho homogénea, devido ao valor acrescentado da força de trabalho heterogénea.

Quadro 4.7: Benefícios da diversidade cultural

Entrevistados	Benefícios
Gestor um	Partilha de conhecimentos e novas inovações que afectam positivamente a produtividade dos trabalhadores no local.
Gestor dois	Novos conhecimentos e inovações adquiridos a partir dos vários estilos de trabalho do pessoal do sítio.
Gestor três	A diversidade influenciou muito positivamente o meu estilo de trabalho; a partilha de conhecimentos expõe-me a coisas novas.

Gestor quatro	As empresas abriram-se a mais inovações e oportunidades abertas ao lidar com diversos clientes.
Gestor cinco	Partilha de conhecimentos e novas inovações.
Gerente seis	Nenhum sentimento tribal; força motriz da eficácia dos trabalhadores no local; trabalhamos em unidade.
Gestor sete	Estilos de trabalho melhoram

Fonte: Inquérito de campo (2013)

4.2.19 Experiência partilhada

Gestor um: "Tendo trabalhado vários anos com um grupo de pessoas de diferentes tribos como gestor e tendo também estado envolvido com outras tribos na adjudicação de contratos, o que se pode retirar das minhas interações com outras tribos é que, na sua maioria, as pessoas preferem a sua tribo a outra tribo e podem fazer muito para garantir que o seu grupo é favorecido em termos de adjudicação de contratos e partilha de recursos disponíveis, só para mencionar alguns".

Gestor sete: "Houve uma altura em que um homem branco utilizou uma palavra ofensiva contra um trabalhador do estaleiro na sua língua estrangeira; infelizmente, sem o saber, o trabalhador vítima da ofensa compreendeu a língua e reagiu contra a ofensa; isto provocou um tumulto que levou a um protesto grave; o trabalhador do estaleiro foi abatido. A direção e os trabalhadores intervieram e o assunto foi resolvido, mas o homem branco foi transferido para outro local".

Gestor oito: "Supervisionei um local onde alguns membros do pessoal da mesma tribo estavam envolvidos em má conduta, ociosidade, e quando isso persistia, as outras tribos levantavam uma sobrancelha, antes que pudesse desencadear um conflito; eram separados e divididos entre os outros grupos".

4.2.20 Lição aprendida

Gestor um: "Compreender a peculiaridade das pessoas de tribos diferentes no que diz respeito à atração pela identidade social e não reagir de forma exagerada contra elas".

Gestor sete: "Embora o assunto que envolveu o homem branco e o pessoal da obra tenha sido resolvido mais tarde, a perda de horas-homem não pôde ser recuperada; isto afectou outras secções que dependem desta secção. A discriminação e a utilização de palavras abusivas desmoralizam, pelo que os gestores e os intervenientes na construção devem estar atentos à utilização de palavras negativas".

Gestor oito: "Deve-se atuar sempre com rapidez e firmeza, sem preconceitos, para que o trabalho progrida".

4.2.21 Pessoa para gerir a diversidade

Tradicionalmente, os gestores dão instruções ao pessoal dos estaleiros através dos supervisores, capatazes e chefes designados, conforme o caso. No entanto, a gestão da diversidade em termos de colaboração de diferentes grupos étnicos parece ser um

grande desafio para a empresa de construção. As opiniões dos entrevistados são de várias formas.
Gestor um: "A partir da base, o chefe, os capatazes, os supervisores e o diretor".
Gestor 2: "Os capatazes estão em melhor posição para gerir os diversos trabalhadores, devido à sua proximidade com o pessoal da obra e às relações pessoais que mantêm com eles".
Gestor três: "Todos os trabalhadores no local, desde o menor subordinado até ao chefe mais elevado, devem ser obrigados a desempenhar tenazmente essa função".
Gestor Quatro: "Do ponto de vista técnico e profissional, os gestores têm o potencial para gerir a diversidade cultural".
Gestor cinco: "Nível de gestão elevado, uma vez que são uma autoridade, mas também se estende aos capatazes e a cada um dos trabalhadores nas obras".
Gestor seis: "Gestores e supervisores".
Gestor sete: "Os gestores, supervisores e todos os trabalhadores no local devem colaborar para tornar a diversidade uma realidade no local".
Gestor oito: "Os brancos geriam melhor as pessoas porque, devido à mentalidade do nosso povo em relação aos estrangeiros, tendem a obedecer melhor às instruções dos estrangeiros do que às dos seus homólogos e chefes indígenas".
Diretor nove: "Gestores e supervisores".
Gestor dez: "Gestores e supervisores".
Cox e Smolinski (1994) vêem a gestão da diversidade como esforços práticos da liderança e dos empregados para reagir aos problemas de uma força de trabalho culturalmente diversa. À luz dos pontos de vista dos entrevistados e da literatura sobre a gestão da diversidade, é óbvio que, para que a diversidade seja eficaz, todos os intervenientes na empresa de construção devem trabalhar em colaboração para assegurar a sua eficácia, trabalhando cada um por si; pondo de lado as diferenças étnicas e alcançando um ponto de fusão que promova uma cultura, que são os princípios básicos necessários para alcançar a produtividade no local.

Quadro 4.8: Pessoa para gerir a diversidade

Entrevistados	**Pessoa para gerir a diversidade**
Gestor um	A partir da base, o chefe, os capatazes, os supervisores e os gestores
Gestor dois	Os capatazes.
Gestor três	Todos os trabalhadores no local.
Gestor quatro	Gestores.

Gestor cinco	Alto nível de gestão, os encarregados e os indivíduos nos locais de trabalho.
Gerente seis	Diretores, supervisores e todos os trabalhadores no local.
Gestor sete	Diretores, supervisores e todos os trabalhadores no local.
Gestor oito	Os brancos.
Diretor nove	Gestores e supervisores.
Gestor dez	Gestores e supervisores.

Fonte: Inquérito de campo (2013)

As percepções dos debatedores sobre a gestão da diversidade cultural conotam um esforço coletivo; se todas as pessoas nos locais de trabalho encararem a diversidade como uma responsabilidade sua, demonstrando uma atitude correta em relação uns aos outros nas respectivas tribos, haverá menos conflitos no local e o papel de gestão dos gestores será facilitado.

4.2.22 Formação de competências em matéria de desenvolvimento da liderança

Gestor um: "Não recebemos qualquer formação formal em matéria de diversidade".

Gestor dois: "Não adquiri nenhuma formação formal, as competências de gestão surgiram naturalmente e foram desenvolvidas ao longo do tempo com base em várias experiências com diversos trabalhadores".

Gestor quatro: "Não recebemos formalmente qualquer formação em competências".

Gerente cinco: "Não há formação em matéria de diversidade".

Gestor sete: "Não há formação em matéria de diversidade cultural".

Gestor oito: "Não foi adquirida qualquer formação em matéria de desenvolvimento da liderança".

Todos os entrevistados, com exceção de um, afirmaram que não receberam formação formal da sua organização sobre gestão da diversidade. Para que as empresas de construção atinjam a posição potencial em que podem beneficiar grandemente da colaboração de trabalhadores diferentes, é imperativo que formem os seus gestores/supervisores em gestão da diversidade.

Quadro 4.9: Formação de competências em matéria de desenvolvimento da liderança

Entrevistados	Formação em liderança
Gestor um	Não há formação de competências em matéria de desenvolvimento da liderança.
Gestor dois	Não há formação de competências em matéria de desenvolvimento da liderança.

Gestor três	Não há formação de competências em matéria de desenvolvimento da liderança.
Gestor quatro	Existe uma formação de competências em matéria de desenvolvimento da liderança.
Gestor cinco	Não há formação de competências em matéria de desenvolvimento da liderança.
Gerente seis	Não há formação de competências em matéria de desenvolvimento da liderança.
Gestor sete	Não há formação de competências em matéria de desenvolvimento da liderança.
Gestor oito	Não há formação de competências em matéria de desenvolvimento da liderança.
Diretor nove	Não há formação de competências em matéria de desenvolvimento da liderança.
Gestor dez	Não há formação de competências em matéria de desenvolvimento da liderança.

Fonte: Inquérito de campo (2013)

4.3 Observação pessoal

O método comum de observação, conhecido como observação não obstrutiva, foi utilizado para a observação pessoal: a observação não obstrutiva não envolve a participação, mas simplesmente o registo dos acontecimentos à medida que ocorrem. Nos vinte estaleiros de construção visitados, foram observadas as seguintes zonas

4.3.1 Dimensão cultural e estatuto

A distribuição do pessoal de acordo com o grupo étnico em diferentes actividades no estaleiro de construção em Abuja. A distribuição do pessoal segundo um determinado ofício não foi uniforme; em alguns locais, os iorubás dominam como artesãos, enquanto noutros locais se vêem sobretudo outras tribos a trabalhar como artesãos. Na maioria dos locais, o trabalho de dobragem do ferro é uma mistura de Gwaris, iorubás, Igbo, Tiv e Hausa. A maioria dos trabalhadores são Hausas.

4.3.2 Interação

Num estaleiro de construção multicultural, como é que os trabalhadores de diferentes origens étnicas interagem uns com os outros e qual o seu efeito na sua produtividade? Foi observada a forma de comunicação habitualmente utilizada, oficial ou vernácula, e o seu efeito no desempenho e na produtividade.

A principal língua utilizada nos locais observados é maioritariamente a língua pidgin, com pouco inglês durante a comunicação com membros de tribos diferentes, Hausa e outros dialectos locais como Benue, Tiv, Ebira. A interação nas línguas locais foi notória durante as pausas; a maioria das tribos, especialmente as Hausas, segregava-se em grupos para interagir. No entanto, apesar desta identidade social, também se observaram interações interculturais amigáveis. A identidade social não esgota as interações interculturais amigáveis, apesar de alguns casos de mal-entendidos entre as tribos.

4.3.3 Vários desafios de uma força de trabalho multicultural

Não foram vistas mulheres a trabalhar nos locais visitados, mas algumas foram vistas como cozinheiras, uma vez que a maioria do pessoal dos locais é do sexo masculino. Ao fazer perguntas sobre o envolvimento direto das mulheres na construção propriamente dita, descobriu-se que elas só estavam autorizadas a participar na oficina, onde se realizam alguns trabalhos em ferro para reforço, que depois são utilizados no local.

4.3.4 Conflitos nos sítios e causas

Houve uma troca de palavras desagradável entre dois operadores, envolvendo um homem ioruba e outro homem (de outra tribo), por causa da embalagem do bulldozer. Também se registou o uso de linguagem abusiva que provocou conflitos de género. Houve também troca de palavras entre pessoal de diferentes tribos que desviou a atenção dos outros do seu trabalho.

4.3.5 Actividades em grupo e fora de grupo

Durante o intervalo, foram observadas actividades como comer em conjunto, convívio e discussão, que servem como forma de reunião social entre as tribos.

4.3.6 Estratégias

Programa de sensibilização cultural implementado no estaleiro de construção: Não há sensibilização cultural evidenciada pela ausência de slogan, autocolantes e placas de sensibilização cultural. Não foram vistos nos estaleiros slogans de segurança escritos em diferentes línguas. Para além disso, não havia nenhum posto de segurança nos estaleiros que indicasse o perigo em línguas que o pessoal do estaleiro sem instrução pudesse compreender. Não havia slogan nem cartazes de sinalização nos estaleiros em diferentes línguas dos representantes das tribos. A ausência destes elementos revela a atitude de indiferença e a falta de empenhamento da direção em relação à sensibilização cultural.

4.3.7 Adaptabilidade e flexibilidade para acomodar diferentes grupos no local de construção

Construção de uma relação sólida entre grupos étnicos; Neutralidade no julgamento quando surgem conflitos: Muitos membros da tribo conseguiram adaptar-se e integrar-se na língua local geral, o Hausa. No entanto, os Hausas ainda estão a demorar algum tempo a adaptar-se na maioria dos locais visitados; mantêm-se unidos. Observou-se também que, em caso de conflito, há uma aliança para apoiar as suas tribos, mesmo quando a pessoa está errada.

4.4 Análise dos questionários

A análise do questionário reproduzido para determinar a dimensão cultural do pessoal que trabalha nos estaleiros de Abuja é a seguinte

Quadro 4.10: Índice das quatro dimensões culturais

	iorubá	**Igbo**	**Hausa**	**Outros**	**Pontuação média**
PDI	70.60	62.45	65.40	62.75	65.30
IDV	39.30	5.35	50.15	14.80	27.4
MAS	13.10	66.65	70.15	64.20	53.53
UAI	31.90	30.00	1.85	65.65	32.35

Fonte: Inquérito de campo, (2013)

O índice da dimensão cultural que os gestores/supervisores podem adotar para gerir a força de trabalho diversificada nos estaleiros de construção em Abuja está representado no quadro acima. As tribos devem ser geridas ao nível da dimensão cultural em que têm a classificação mais elevada. Os Yoruba (PDI-70.60) devem ser geridos ao nível da dimensão cultural da distância do poder, os Igbo (IDV-5.35) ao nível da dimensão cultural coletivista, os Hausa (MAS-70.15) ao nível da dimensão cultural da masculinidade, enquanto as outras tribos (UAI-65.65) ao nível da evitação da incerteza.

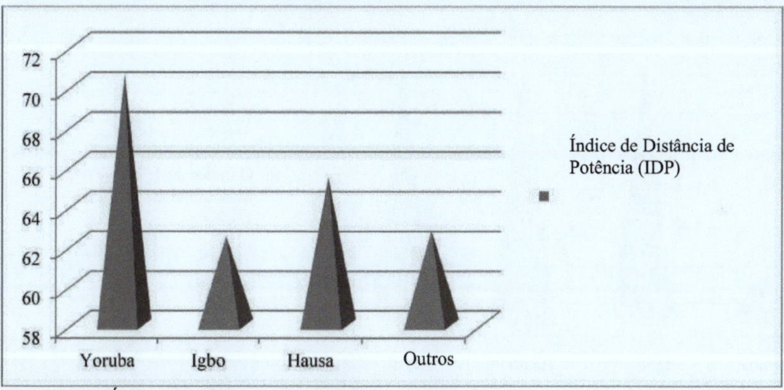

Figura 4.1: Índice de distância de potência
Fonte: Inquérito de campo (2013)

A partir da figura acima, os iorubás estão mais distantes do poder do que os igbos, os hauçás e outros grupos étnicos minoritários, com uma distância do poder (PDI) de 70,6. Este facto estabelece uma distinção entre categorias de pessoas na sociedade, diferenciando a classe alta da classe baixa.

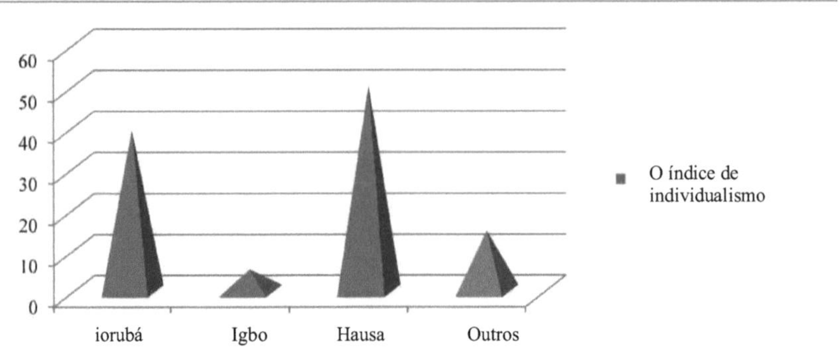

Figura 4.2: Índice de individualismo
Fonte: Inquérito de campo (2013)

Na figura 4.2, os Igbo têm a classificação mais baixa de Individualismo (IDV) (5,35), seguidos de outros grupos étnicos minoritários (14,8), que é inferior à média de todos os grupos étnicos (27,4).

Isto indica que os Igbo têm maior tendência para o Coletivismo do que para o Individualismo entre os grupos étnicos em estudo. Na sociedade coletivista existe uma forte ligação entre os membros. As necessidades do grupo são colocadas acima das necessidades dos membros.

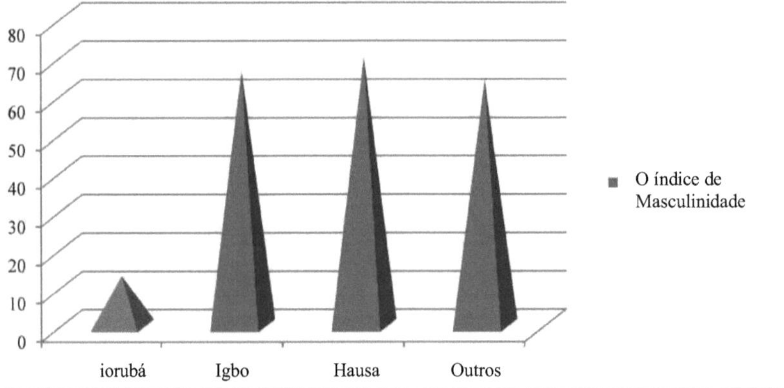

Figura 4.3: Índice de masculinidade
Fonte: Inquérito de campo (2013)

Os Hausa têm a classificação mais elevada de Masculinidade (MAS) entre os grupos étnicos (70,5), seguidos pelos Igbos (66,65). Isto indica experiências de domínio masculino sobre o feminino em termos de poder e de colocação de posições na sociedade. Os papéis entre homens e mulheres são diferenciados.

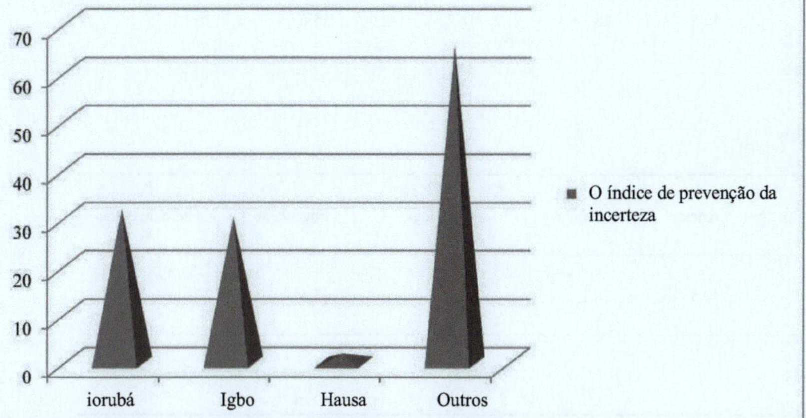

Figura 4.4: Índice de prevenção da incerteza

Fonte: Inquérito de campo (2013)

Os outros grupos étnicos minoritários têm o índice mais elevado de prevenção da incerteza (UAI) (65,65), o que indica o seu baixo nível de tolerância à incerteza, seguido dos Yoruba, Igbo e Hausa (31,9, 30 e 1,85, respetivamente).

Quadro 4.11: Distribuição das competências (Yoruba)

Escala	Artesão	Técnico	Tecnólogo	Engenheiro	Quadro de gestão
Percentagem	12.5	28.1	18.7	15.6	25
Pontuação média			2.9		
Respostas válidas			32		

Fonte: Inquérito de campo (2013)

46,87% dos inquiridos iorubás podem ser considerados tecnólogos. A pontuação média de 2,87 está compreendida entre 2,50 e 3,49, que são tecnólogos e engenheiros, de acordo com Morenikeji (2006).

Quadro 4.12: Distribuição das competências (Igbo)

Escala	Artesão	Técnico	Tecnólogo	Engenheiro	Quadro de gestão
Percentagem	27.3	22.7	15.1	19.7	15.1
Pontuação média			3.3		
Respostas válidas			66		

Fonte: Inquérito de campo (2013)

46,9% dos inquiridos Igbo podem ser considerados tecnólogos, uma vez que a pontuação média de 3,27 se situa entre 2,50 e 3,49, que são tecnólogos e engenheiros.

Quadro 4.13: Distribuição das competências (Hausa)

Escala	Artesão	Técnico	Tecnólogo	Engenheiro	Quadro de gestão

Percentagem	12.5	28.1	18.7	15.6	25
Pontuação média			2.9		
Respostas válidas			32		

Escala	Artesão	Técnico	Tecnólogo	Engenheiro	Quadro de gestão
Percentagem	12.5	28.1	18.7	15.6	25
Pontuação média			2.9		
Respostas válidas			32		

Fonte: Inquérito de campo (2013)

Os inquiridos da etnia Hausa (46,87%) são considerados tecnólogos, uma vez que a sua pontuação média de 2,87 está compreendida entre 2,50 e 3,49, o que representa tecnólogos e engenheiros.

Quadro 4.14: Distribuição das competências (Outros)

Escala	**Artesão**	**Técnico**	**Tecnólogo**	**Engenheiro**	**Quadro Magt**
Percentagem	28.1	29.2	16.8	18.0	7.9
Pontuação média			3.5		
Respostas válidas			89		

Fonte: Inquérito de campo (2013)

As outras tribos inquiridas (46,87%) são consideradas Técnicas, uma vez que a sua pontuação média de 3,50 se situa no intervalo de 3,50 e 4,49, representando Técnicas e Artesianas.

Quadro 4.15: Respeito pelas tradições

Escala	**Concordo plenamente**	**De acordo**	**Indecisos**	**Não concordo**	**Discordo totalmente**
Percentagem	45.0	35.0	8.6	5.5	2.3
Pontuação média			1.80		
Válido			212		
respostas					

Fonte: Inquérito de campo (2013)

68,2% dos inquiridos respeitam habitualmente a tradição, uma vez que a pontuação média de 1,58 se situa entre 1,51 e 2,49, o que representa um inquirido que respeita a tradição.

Quadro 4.16: Força de uma força de trabalho culturalmente diversificada

Fonte: Inquérito de campo (2013)

Escala	Sempre	Normalmente	Por vezes	Raramente	Nunca
Percentagem	50.5	17.7	15.9	2.7	2.7
Pontuação média			1.58		
Respostas válidas			197		

80% dos inquiridos concordam que existe força numa força de trabalho culturalmente diversificada, uma vez que a pontuação média de 1,80 se situa no intervalo de 1,51 e 2,49, representando os inquiridos que concordam e concordam fortemente com a pergunta. Este facto demonstra a importância da diversidade cultural e descreve o espírito dos gestores entrevistados relativamente à diversidade cultural.

Quadro 4.17: Subordinados com receio de expressar desacordo com o seu superior

Escala	Muito raramente	Raramente	Por vezes	Frequentemente	Muito frequentemente
Percentagem	12.3	11.4	48.6	15.0	9.1
Pontuação média			2.97		
Respostas válidas			212		

Fonte: Inquérito de campo (2013)

A pontuação média de 2,97 associada à pergunta pode ser considerada como "Às vezes" porque se situa entre 2,50 e 3,49, representando 60% dos inquiridos que, por vezes e raramente, têm medo de expressar desacordo com o seu superior. Isto mostra um sistema de organização plana em que os subordinados têm acesso ao seu chefe para partilharem ideias, o que reforça a afirmação da maioria dos gestores de que a sua organização opera um sistema de organização semi-formal em que a hierarquia formal é contornada para dar oportunidade aos subordinados de expressarem as suas ideias ao superior.

Quadro 4.18: Comparação das conclusões de Aluko (2003) com o inquérito de campo (2013)

Autor	Localização	Organização	iorubá	Igbo	Hausa	Outros
Aluko	Lagos,	Têxtil	Em grande parte	Extremamente	Potência	-

(2003)	Delta e Kano, Nigéria	Indústrias	colectividades t	Individuali st	distância	
Trabalho de campo (2013)	Abuja, Nigéria	Construção empresas	Distância de potência	Coletivista	Masculinidade	Evitar a incerteza

Fonte: Inquérito de campo (2013)

Existem disparidades nas dimensões culturais dos trabalhadores das fábricas de têxteis realizadas por Aluko (2003) em Lagos, Delta e Kano, em comparação com os resultados do inquérito de campo sobre as dimensões culturais do pessoal dos estaleiros realizado nos estaleiros de Abuja. Estas diferenças

pode dever-se a diferentes ambientes de trabalho, a regiões onde a investigação foi efectuada e a mudanças socioculturais dos trabalhadores. Do mesmo modo, Ming-Yi Wu (2006) reexaminou e efectuou o mesmo estudo que o de Hofstede (1984) em Taiwan e nos Estados Unidos. O estudo revelou alterações nas dimensões culturais de Taiwan e dos Estados Unidos. Este facto foi atribuído a mudanças socioculturais das pessoas na última década e a diferentes estruturas de amostragem. Isto implica que os valores culturais podem mudar ao longo do tempo e, por conseguinte, é necessário que as organizações procedam a uma reavaliação periódica, que servirá de referência.

RESUMO DOS RESULTADOS, CONCLUSÕES E RECOMENDAÇÕES

Resumo das conclusões

a) A mão de obra no sector da construção civil de Abuja é constituída por diversos trabalhadores de diferentes grupos étnicos espalhados por vários grupos étnicos.
b) As competências estão distribuídas por uma força de trabalho diversificada.
c) Geralmente, não existe um domínio de uma tribo em particular.
d) A maioria das tribos tem uma crença religiosa que traz para o seu local de trabalho, influenciando assim o seu estilo e orientação de trabalho.
e) 68,2% das tribos dos sítios respeitam as tradições dos outros povos.
f) O povo Igbo obteve uma classificação elevada em coletivismo - uma relação que promove o trabalho de equipa e a fidelidade à equipa.
g) Os iorubás têm uma classificação elevada em termos de distância ao poder - uma relação que fomenta a hierarquia e um sistema organizacional rigoroso em que as regras e instruções devem ser rigorosamente cumpridas.
h) Os hauçás ocupam um lugar cimeiro no ranking da masculinidade - uma relação que promove a superioridade sobre as mulheres.
i) Outras tribos classificaram-se bem na prevenção da incerteza - uma relação que fomenta a desconfiança, o medo e a baixa autoestima.
j) A dimensão cultural que obteve uma classificação mais elevada do que as restantes dimensões é a distância ao poder.
k) O valor cultural das tribos muda ao longo do tempo devido às mudanças sociais e culturais das pessoas.
l) As atitudes das empresas de construção em Abuja que restringem o trabalho das mulheres nos estaleiros sugerem preconceitos de género e também concordam com a natureza masculina do trabalho de construção.
m) Os estaleiros de construção são confrontados com desafios tribais de discriminação, acrimónia, conflitos e barreiras linguísticas.
n) Os estaleiros de construção de Abuja não dispõem de um programa de gestão para os seus trabalhadores; a gestão tem sido feita segundo o estilo tradicional de organização e coordenação.
o) 10% dos gestores manifestaram um sentimento tribal em relação a algumas tribos específicas.
p) 80% dos gestores não estão formalmente informados sobre a gestão e os programas de diversidade.
q) Apenas 10% dos gestores dos sítios selecionados tinham recebido formação em diversidade cultural.
r) Muitas das tribos inquiridas nos sítios apresentavam diferentes traços de dimensão cultural; esta pode ser a razão das diferenças de comportamento nos sítios.
s) As empresas de construção de Abuja não atingiram o seu pleno potencial de gestão da mão de obra diversificada.
t) A maioria do pessoal dos sítios preferia trabalhar com membros do seu grupo

étnico.

CONCLUSÃO

Os estaleiros de construção em Abuja são multiculturais por natureza, devido à migração descontrolada de pessoas de outros estados para ganhar a vida. É claro que isto tem um impacto negativo e positivo nas actividades de resultado dos estaleiros de construção, que é a produtividade. Os trabalhadores individuais, bem como as empresas de construção, sofreram um grande impacto negativo como resultado de uma gestão inadequada, inapropriada e incorrecta da gestão tradicional da força de trabalho para a gestão da diversidade cultural. Não há dúvida de que as empresas de construção beneficiaram do conjunto de conhecimentos associados à diversidade da mão de obra; no entanto, o tempo perdido na conclusão do projeto devido a conflitos entre os grupos étnicos nos estaleiros revelou que não foi aproveitado todo o potencial que promoveria a produtividade necessária. Além disso, as lutas, que estão relacionadas com mal-entendidos e diferenças culturais, são uma das principais razões pelas quais os trabalhadores perdem os seus empregos. Embora a gestão de uma força de trabalho multicultural seja exigente, requer gestores e supervisores dedicados que se libertem do egocentrismo étnico e adoptem uma cultura multifacetada que promova o controlo eficaz da força de trabalho diversificada, à luz da literatura sobre gestão da diversidade e dos resultados do trabalho de campo.

RECOMENDAÇÕES

Para que os estaleiros de construção em Abuja tenham o potencial de gestão para gerir uma força de trabalho diversificada, tendo em conta a insuficiência da gestão tradicional dos estaleiros no que se refere à diversidade cultural, recomenda-se o seguinte

a) Deverá ser formalmente desenvolvido um programa adequado nas organizações, através do qual todos os trabalhadores receberão formação sobre gestão da diversidade e sensibilização cultural.
b) As empresas de construção devem adotar a dimensão cultural de Hofstede como um instrumento de gestão para gerir a diversidade da mão de obra.
c) As organizações devem desenvolver um inquérito aos trabalhadores como uma técnica de reavaliação destinada a obter uma informação alargada sobre a diversidade cultural da sua força de trabalho. Através de medições de desempenho eficazes e coerentes, sob a forma de uma técnica de reavaliação que permita comparar a produtividade das suas organizações com a de outras.
d) Na medida do possível, as empresas de construção devem criar uma consciência cultural nos estaleiros, traduzindo os slogans de segurança e os cartazes de sinalização em diferentes línguas que sejam representativas da força de trabalho.

CONTRIBUIÇÃO DO ESTUDO PARA O ACERVO DE CONHECIMENTOS

Este estudo contribuiu para o corpo de conhecimentos na área da gestão da diversidade cultural, no sentido em que todas as lacunas observadas foram discutidas e analisadas e foram feitas possíveis recomendações para gerir os diferentes grupos étnicos nos estaleiros de construção, de modo a atingir os objectivos básicos que são a produtividade.

ÁREAS DE ESTUDO FUTURAS

Os futuros investigadores podem continuar a linha sequencial de estudo da gestão da diversidade cultural dos estaleiros de construção, alargando o estudo a outras dimensões culturais de Hofstede.

REFERÊNCIAS

Abrams, D. & Hogg, M. (1999). *Social identity and social cognition.* Oxford: Blackwell.

Abuja Galleria FCT Abuja Diretory http:// www.abujagalleria.com Acedido em 7.5.2013.

Adams, J.S. (1963). Towards an understanding of inequity (Para uma compreensão da desigualdade). *Journal of Abnormal and Social Psychology,* 67, 422-36.

Adler, N. J. (2002). *Dimensões internacionais do comportamento organizacional.* (4ª ed.). Cincinnati: South Western College Publishing.

Ali, T. H. (2006). Influence of National Culture on Construction Safety Climate in Pakistan [Influência da cultura nacional no clima de segurança da construção no Paquistão]. Tese de doutoramento não publicada, Faculdade de Engenharia e Tecnologia da Informação, Universidade de Griffith, Gold Coast.

Andrew, C., Amir A., Shelagh, P., & June, J. (2009). Discriminação racial na indústria da construção: Uma análise temática. (1ª ed.). Relatório de investigação: 23

Ang, Y. K. & Ofori, G. (2001). Chinese Culture and Successful Implementation of Partnering in Singapore's Construction Industry (Cultura chinesa e implementação bem sucedida de parcerias na indústria da construção de Singapura). *Construction Management and Economics,* 19, 619-632.

Aluko, M. (2003). The Impact of Culture on Organisational Performance in Selected Textile Firms in Nigeria [O Impacto da Cultura no Desempenho Organizacional em Empresas Têxteis Selecionadas na Nigéria]. *Jornal Nórdico de Estudos Africanos,* 12(2), 164-179.

Bartlett, J., Kotrlik, J., Higgins, C. (2001). Pesquisa organizacional: Determining Appropriate Sample Size in Survey Research. *Information Technology, Learning, and Performance* Journal, 19(1), 6.

Baum, T., F. & Hearns, N. (2007). As implicações da diversidade cultural contemporânea para o currículo de hospitalidade. *Educação + Formação*, 49(5), 350-363.

Benschop, Y. (2001). Orgulho, preconceito e desempenho: Relations between HRM, diversity and performance. *International Journal of Human Resource Management,* 12 (7), 1166-1181.

Bernard, H.R. (2002). *Métodos de investigação em Antropologia: Métodos qualitativos e quantitativos*. 3ª edição. Walnut Creek, Califórnia: AltaMira Press .

Blank, R.M., Dabady, M. & Citro, C.F. (2004). *Measuring Racial Discrimination, National Academy of Sciences,* Washington, DC: National Academies Press.

Bredillet, C., Yatim, F. & Ruiz, P. (2010). Implantação da Gestão de Projectos: O Papel dos Factores Culturais. *Jornal Internacional de Gestão de Projectos*, 28, 183-193.

Brewer, M. B. (1979). Preconceito de grupo na situação intergrupal mínima: Uma análise cognitivo-motivacional. *Psychological Bulletin*, 86, 307-324.

Building Design (2007) 'Architecture schools too white in focus, says Prasad', 21 de setembro, http://www.bdonline.co.uk/story.asp?storycode=3095814 Acedido em 15.5.2013

Bureau of Labor Statistics (2003). Censo Nacional de Lesões Ocupacionais Fatais em 2003. http://www.bls.gov/news.release/cfoi.nr0.htm. Acedido em 24.9.2013

Capozza, D., & Brown, R. (2000). *Social identity processes.* Londres: Sage.

Agência Central de Inteligência (2013). World Fact Book Recuperado de https://www.cia.gov/library/publications/the-world-factbook Acedido em 25.8.2013

Cox, T. H. (1994). *Cultural Diversity in Organisations: Theory, Research, and Practice.* São Francisco: Benett-Koehler Publishers.

Cox, T. H. & Blake, S. (1991). Gerir a diversidade cultural: Implications for

organizational competitiveness. *Academy of Management Executive,* 5(3), 45-56.
Cox, T. H. (1993). *Diversidade cultural nas organizações: Theory, Research and Practice*. São Francisco, Califórnia: Berrett-Koehler.
Cox, T. H., & Smolinski, C. (1994). *Managing diversity and Glass ceiling initiatives as national economic imperatives.* Ann Arbor, Michigan: Universidade de Michigan.
Cox, T. H. (2001). *Criando a organização multicultural: Uma estratégia para captar o poder da diversidade.* São Francisco: Jossey-Bass.
Claudia, H. (2010). Diversidade cultural nas organizações: Estratégia de diversidade de uma subsidiária austríaca de uma empresa multinacional: Uma tese em estudos organizacionais (tese de mestrado). Innsbruck, Escola Superior de Gestão.
Clarke, S., (2003). A força de trabalho contemporânea: Implications for organisational safety culture. *Personnel Review,* 32 (1/2), 40-58.
Clements, P. & Jones, J. (2006). *The diversity training handbook: Um guia prático para compreender e mudar atitudes.* Philadephia: Kogan Page.
Creswell, J.W. (1994). *Conceção da investigação: Qualitative & Quantitative Approaches.* Londres: SAGE Publications.
Daft, R. L. (2003). Management, (6th ed.), Thomson Learning, London approach to assessing person-organisation fit. *Academy of management journal,* 34(3), 487-516.
Daniel C. (2009). The effects of higher education policy on the location decision of individuals: Evidence from Florida's Bright Futures Scholarship program. *Regional Science and Urban Economics,* 39, 553- 562.
De Cieri, H. & Kramar, R. (2003). *Human resource management in Australia: Strategy, People, Performance.* Sydney: McGraw Hill.
Eddy, S. W. (2008). Porque é que as organizações optam por gerir a diversidade? Toward a leadership- based theoretical framework. *Human resource development review*, 7 (1), 58-78.
Ellemers, N., Spears, R., & Doosje, B. (2002). Self and social identity. *Annual Review of Psychology,* 53, 161-186.
Elmadssia, T. (2011). Especificidades da adaptação cultural das empresas francesas e alemãs ao contexto tunisino. *International Business Research.* 4(3), 201-210.
Ely, R. & Thomas, D. (2001). Cultural diversity at work: The effects of diversity perspectives on work group processes and outcomes. *Administrative Science Quarterly,* 46, 229273.
Comissão Europeia (2008). *Prosseguir o caminho da diversidade: Práticas, perspectivas e benefícios para as empresas.* Luxemburgo: Serviço das Publicações Oficiais das Comunidades Europeias.
Equal Opportunity Commission of New South Wales (1999). *Managing for diversity* department of Premier and Cabinet, Sydney.
Friday, E. & Friday, S. 2003. Gerir a diversidade utilizando uma abordagem de mudança estratégica planeada. *Journal of Management Development,* 10, 863-880.
Gardenswartz, L., & Rowe, A. (1998). *Managing diversity: A complete desk reference and planning guide* (Revised Edition). New York: McGraw-Hill.
Gardenswarzt, L. & Rowe, A. (2009). 'The effective management of cultural diversity' in Moodian, M. (editor) *Contemporary Leadership and Intercultural Competence - Exploring the Cross-Cultural Dynamics within Organisations.* Los Angeles: Sage Publications.
Gilbert, J., & Ivancevich, J. (2000). Valorizando a diversidade: A tale of Two Organisations. *The Academy of Management Executive,* 14 (1), 93-105.
Gilbert, J. A., Stead, B. A., & Ivancevich, J. M. (1999). Gestão da diversidade: Um novo paradigma organizacional. *Journal of Business Ethics,* 21, 61-76.
Gong, Y. (2008). Gestão da diversidade cultural no sector da hotelaria. Teses/Dissertações/Papéis Profissionais/Capítulos da UNLV. Artigo 480.

Gordon, A. (1995). O trabalho da cultura empresarial: Gestão da diversidade. *Social Text,* 13 (3), 3-30.
Hall, D. T., Schneider, B., & Nygren, H. T. (1970). Personal factors in organisational identification. *Administrative Science Quarterly*, 15, 176-190.
Hamilton, D. L. (1981). *Cognitive processes in stereotyping and intergroup behaviour (Processos cognitivos no estereótipo e comportamento intergrupal*). Hillsdale, Nova Jersey: Erlbaum.
Harrison, D. A., Price, K. H., & Bell, M. P. (1998). Para além da demografia relacional: Time and the effects of surface- and deep-level diversity on work group cohesion. *The Academy of Management Journal, 41* (1), 96-107.
Haslam, S. A. (2002). Psicologia nas organizações: A abordagem da identidade social. *Leadership and organization development journal,* 23(3/4), 167-168.
Hofstede, G. (1980). *Culture's Consequences: International differences in work related values.* Londres: Sage Publications, Incorporation.
Hofstede, G. (2001). *Culture's consequences: comparing values, behaviours, institutions, and organisations across nations* (2ª ed.). Thousand Oaks, CA: Sage Publications.
Hollowell, B. J. (2007). Examinar a relação entre diversidade e desempenho da empresa. *Journal of Diversity Management,* 2 (2), 51-59.
Huang, H. & Trauth, E. M. (2006). *Desafios da diversidade cultural: Managing globally distributed knowledge workers in global software development*. Hershey: Idea Group Publishing.
Jameson D. (2007). Reconceptualização da identidade cultural e do seu papel na comunicação empresarial intercultural. *Journal of Business Communication*, 44, 199.
Khan, M. S. (1993). Métodos de motivação para aumentar a produtividade. *Journal of Management in Engineering,* 9, 148-53.
Kochan, T., Bezrukova, K., & Ely, R., Jackson, S., Joshi, A. & Jehn, K. (2002). *The Effects of Diversity on Business Performance*. Alexandria, VA: Diversity Research Network.
Kochan, T., Bezrukova, K., Ely, R., Jackson, S. E., Joshi, A., & Jehn, K. (2003). The effects of diversity on business performance: Report of the diversity research network. *Human Resource Management, 42* (1), 3-21.
Konrad, A. (2006). Leveraging workplace diversity in organisations. *Organisation Management Journal*, 3 (3), 164-189.
Kundu, S. & Turan, M. (1999). Gerir a diversidade cultural nas organizações do futuro. *The Journal of Indian Management and Strategy*, 4, (1), 61
Leonard, J.S & Levine, D.L. (2003). Diversity, Discrimination, and Performance (Diversidade, Discriminação e Desempenho). Documento de trabalho do Instituto de Relações Industriais n.º jirwps-091-03.
Htt://dx.doi.org/10.2139/ssm.420564
Loden, M. & Rosener, B. (1991). *Workforce America: Gerir a diversidade dos trabalhadores como um recurso vital.* EUA: business one Irwin,
Lorbiecki, A. & Jack, G. (2000). Critical Turns in the evolution of diversity management. *British Journal of Management,* 11, 17-31.
Loosemore, M. & Lee, P. (2003). Uma investigação sobre problemas de comunicação com minorias étnicas no sector da construção. *Jornal Internacional de Gestão de Projectos*, 20 (3), 517 - 524
Loosemore, M., Phua, F., Dunn, K. e Ozguc, U. (2010). Managing cultural diversity in Australia construction sites. *Gestão e Economia da Construção,* 28(2), 177188
Loosemore, M; Florence; Melissa, T e Kevin, M. (2012). Estratégias de gestão para aproveitar a diversidade cultural nos estaleiros de construção australianos - Uma perspetiva de identidade social. *Australasian Journal of Construction Economics and*

Building, 12(1) 1-11
Mayring, P. (2007). *Qualitative Inhaltsanalyse: Grundlagen und Techniken* (9ª ed.). Weinheim: BeltzVerlag.
Milliken, J & Martins, L. (1996). À procura de pontos comuns: Compreender os múltiplos efeitos da diversidade nos grupos organizacionais. *Academy of Management Review,* 21(2), 402-433.
Ming-Yi Wu (2006). As dimensões culturais de Hofstede 30 anos depois: A Study of Taiwan and the United States. *Estudos de Comunicação Intercultural,* 15(1), 38-40.
Morgan, G. (1989). *Teoria da organização criativa: Um livro de recursos.* Newbury Park, Califórnia: Sage Publications
Mohammed, U., Prabhakar, G., & White, G. (2008). Cultura e estilo de gestão de conflitos dos gestores de projectos internacionais. *Jornal Internacional de Negócios e Gestão,* 1, 11.
Morenikeji, O.O. (2012). Quadros legislativos e políticos nas cooperativas de habitação na África do Sul. *Jornal de Gestão da Construção,* 28, 2-3.
Mowday, R. T., Steers, R., & Porter, L. W. (1979). The measurement of organisational commitment. *Journal of Vocational Behavior,* 14, 224-247.
Nicholas, S. & Sammartino, A. (2001). Capturing the diversity dividend, views on CEOs on diversity management in the Australian workplace, the programme for the practice of diversity management, the Australian centre for international business, new south wales.
www.managementmarketing.unimelb.edu.au/mu acedido em 18.7.2013.
Nnoli, O. (1978). *Ethnic Politics in Nigeria.* Enugu: Fourth Dimension Publishers
Odivwri, J. (2011). Ethnic Politics in Nigeria.
http:www.ngex.com/news/public/articleID Acedido em 20.7.2013
Olabosipo, A.F. (2004). "O impacto dos incentivos não financeiros na produtividade dos pedreiros na Nigéria". *Gestão e economia da construção,* 22(1), 2.
Okolie, K.C; Okoye, P.U.(2012). Avaliação das dimensões da cultura nacional e do clima de saúde e segurança na construção na Nigéria. Revista científica de investigação em engenharia ambiental, 2012, 1. Doi:10.7237/sjeer/167.
Otite, O. 2000. *Ethnic Pluralism, Ethnicity and Ethnic Conflicts in Nigeria [Pluralismo Étnico, Etnicidade e Conflitos Étnicos na Nigéria].* Ibadan: Sheneson C.I. Ltd.
Patchen, M. (1970). *Participation, achievement and involvement on the job.* Englewood Cliffs, NJ: Prentice-Hall
Pelled, L. H., Eisenhardt, K. M., & Xin, K. R. (1999). Explorando a caixa preta: An analysis of work group diversity, conflict, and performance. *Administrative Science Quarterly,* 44(1), 1-28.
Richard, O. (2000). Racial diversity, business strategy, and firm performance: A resourcebased view. *The Academy of Management Journal, 43* (2), 164-177.
Roger B., Mallam D. (2003). Documento de posição: as dimensões da etnicidade, língua e cultura na Nigéria: Drivers of Change Component Three - Output 28 Preparado para o DFID, Relatório Final da Nigéria.
Rollins, B. & Stetson, S; (n.d). Redefinindo "DIVERSIDADE": O Modelo Iceberg. Jacksonville: Instituto do Topo da Montanha. Recuperado de http://www.mountaintopinstitute.org/pdf/ Acedido em 12.11.2013.
Seymen, O. (2006). O fenómeno da diversidade cultural nas organizações e as diferentes abordagens para uma gestão eficaz da diversidade cultural: A Literary Review. Cross cultural management: *An international Journal,* 13(4) 296-315.
Smith, P. Peterson, M. & Schwartz, S. (2002). Cultural values, sources of guidance and their relevance to managerial behaviour A 47 - nation study, *Journal of Cross-Cultura Psychology,* 33 (2), 188-208.
Snape, E., & Redmond, T. (2003). Demasiado velho ou demasiado novo? The impact of

perceived age discrimination on employee commitment and intention to retire. *Human Resource Management Journal*, 14 (1), 78-89.
Tajfel, H., & J. C. Turner. (1979). Uma teoria integrativa do conflito intergrupal. 33-47 *in* W. Austin G & Worchel S., editores. *The social psychology of intergroup relations.* Califórnia, EUA: Brooks-Cale, Monterey.
Tajfel, H. (1982). Instrumentality, identity and social comparisons (Instrumentalidade, identidade e comparações sociais). Em H. Tajfel (Ed.), *Social identity and intergroup relations (Identidade social e relações intergrupais)* 483-507. Cambridge, Inglaterra: Cambridge University Press.
Tajfel, H., & Turner, J. C. (1985). A teoria da identidade social do comportamento intergrupal. In S.Worchel, S. & Austin W. G. (Eds.), *Psychology of intergroup relations* (2nd ed.), 7-24. Chicago: Nelson-Hall.
Thomas, K., Mack, D. & Montagliani, A. (2006). Argumentos contra a diversidade: São válidos? *The Psychology and Management of Workplace Diversity* (2ª ed.) 31-54. Malden, MA: Blackwell Pub.
Tracy, R.L & Sappington, E.M. (1993). Escolha das qualificações dos trabalhadores: No Experience Necessary? *International Economic Review.* 34 (3), 479-502
Trajkovski, S. & Loosemore, M., (2006). Safety implications of low-English proficiency among migrant construction site operatives. *Jornal Internacional de Gestão de Projectos* 24 (5), 446-452.
Tylor, E. (1871). Primitive Culture: Investigadores sobre o desenvolvimento da mitologia, filosofia, religião, arte e costumes. http://books.google.com/books? Acedido em 18.6.2013.
UNESCO. (1982). Declaração da Cidade do México sobre as políticas culturais. Conferência Mundial sobre Políticas Culturais Cidade do México 26 de julho - 6 de agosto de 1982
Veronique T., Patricia G., & Susan S. (2010). The role of social identity, appraisal, and emotion in determining responses to diversity management *Human Relations*, 64,161
Von Bergen, W., Soper, B. & Foster, T. (2002). Unintended negative effects of diversity management. *Public Personnel Management*, 31 (2), 239-251.
Wharton, A. S. (1992). *A construção social do género e da raça nas organizações: Uma perspetiva de identidade social e de mobilização de grupos*. 10, 55-84. Greenwich, CT: JAI Press.
Williams, K., & O'Reilly, C. (1998). *A complexidade da diversidade: A review of for forty years of research*. Greenwich CT: JAI Press.
Williams, D., Neighbors, H., & Jackson, J.S. (2003). Racial/ethnic discrimination and health: findings from community studies (Discriminação racial/étnica e saúde: resultados de estudos comunitários). *American Journal of Public Health*, 93 (2), 200208.

Apêndice A

QUESTIONÁRIO SOBRE DIVERSIDADE CULTURAL

Caro participante,

O meu nome é Bamgbade, Adebisi Abosede e sou estudante de pós-graduação no departamento de construção da Universidade Federal de Tecnologia de Minna. Para o meu projeto final, estou atualmente a fazer um trabalho de investigação sobre o impacto da cultura na gestão de estaleiros de construção em Abuja, na Nigéria. Como está no sector da construção e trabalha ativamente em estaleiros de construção em Abuja, está na melhor posição para preencher este questionário.

O preenchimento do questionário demorará cerca de 10 minutos e a sua resposta sincera será muito apreciada. Tenha em atenção que todas as informações fornecidas se destinam apenas a este estudo de investigação, pelo que não deve incluir o seu nome ou número de telefone na sua resposta, uma vez que este questionário é anónimo. A sua participação no preenchimento deste questionário é estritamente voluntária, mas será útil.

O formulário foi concebido para recolher informações relacionadas com a cultura da mão de obra no estaleiro de construção em Abuja. Os dados serão utilizados na análise do objeto do presente trabalho de investigação. Assinale as opções que considerar adequadas. Pode responder ao maior número de perguntas possível. Na maioria das perguntas, assinale uma casa em cada linha. Escreva também no seu texto o que for especificado para as outras perguntas.

Obrigado pela vossa ajuda.

A sério,

Estudante: Adebisi Bamgbade Sinal Supervisor: Dr. R.A. Jimoh Sign
Departamento de ConstruçãoDepartamento de Construção
Universidade Federal de Tecnologia, Universidade Federal de Tecnologia
Minna. Minna
Tel: 08057987810

Informações pessoais (para fins estatísticos):

Assinale a opção correta:

1. O seu género: Masculino Feminino

2. A sua idade: 18-25 ______|~~|26-35 ______||36-45 ______||46-55 |
56-65 ______||>65 ------------

3. Há quanto tempo trabalha numa empresa de construção?
1-5 ______|| ____________6-10|11-15 ____||16-20 ______||20> |

4. Qual é a sua profissão atual?
ArtesãoTécnicoTecnólogoEngenheiro

Gestão

5. (a) Qual é a sua nacionalidade?

(b) Se é nigeriano, a qual dos seguintes grupos étnicos pertence?

Yoruba Igbo Hausa Outros grupos étnicos especificar?

6. Qual a importância para si das seguintes questões relacionadas com o trabalho?

Problema relacionado com o trabalho	5 máxima importância	4 muito importante	3 importância moderada	2 pouca importância	1 muito pouca ou nenhuma importância
ter tempo suficiente para a sua vida pessoal ou familiar					
dispor de boas condições físicas de trabalho (boa ventilação e iluminação, espaço de trabalho adequado, etc.)					
ter uma boa relação de trabalho com o seu superior direto					
ter segurança de emprego					
trabalhar com pessoas que cooperam bem umas com as outras					
ser consultado pelo seu superior direto nas suas decisões					
têm uma oportunidade de progredir para empregos de nível superior					
ter um elemento de variedade e aventura no trabalho					

6. De 5(sempre) a 1(nunca), até que ponto os seguintes atributos são essenciais na sua vida privada

Atributo	5 Sempre	4 Normalmente	3 vezes	2 raramente	1 Nunca

Firmeza e estabilidade pessoal					
Poupança					
Persistência (perseverança)					
Respeito pela tradição					
Com que frequência se sente nervoso ou tenso no trabalho?					

7.____ De 5 (concordo totalmente) a 1 (discordo totalmente), em que medida concorda com as seguintes afirmações ____

Declaração	5 concordo totalmente	4 Concordo	3 indecisos	2 discordam	1 discordo totalmente
A maioria das pessoas é de confiança					
É possível ser um bom gestor sem ter respostas precisas para a maioria das questões que os subordinados possam colocar sobre o seu trabalho					
Uma estrutura organizacional em que alguns subordinados têm dois chefes deve ser evitada a todo o custo					
A concorrência entre empregados costuma ser mais prejudicial do que benéfica					
As regras de uma empresa ou organização não devem ser quebradas, nem mesmo quando o trabalhador pensa que é do interesse da empresa					
Quando as pessoas falham na vida, a culpa é muitas vezes delas próprias					

As pessoas preferem trabalhar com pessoas do mesmo grupo étnico					
A força de uma força de trabalho culturalmente diversificada					

9. De acordo com a sua experiência, com que frequência é que os subordinados têm medo de expressar desacordo com os seus superiores?
1. muito raramente I 2. raramente3. às vezes I4. frequentemente I
5. muito frequente

Apêndice B

ENTREVISTA PREPARADA PARA GESTORES
GUIA DE ENTREVISTA

1. Qual é a sua própria definição de diversidade cultural?
2. Qual é a sua opinião sobre uma força de trabalho culturalmente diversificada?

Positivo?
Negativo?

3. Existem pessoas de diferentes tribos nas vossas organizações?
   Qual é a tribo dominante?
   E porquê?
4. A vossa empresa tem preferência por alguma tribo?

Porquê?

5. Existem medidas de boas práticas adoptadas por empresas de construção nacionais e estrangeiras na gestão da diversidade cultural. Existe alguma medida adoptada pela sua organização para gerir a diversidade cultural em termos de:
   Formação
   Consciência cultural
   Modelo
   Espírito de equipa
6. Qual é a estrutura organizacional da sua organização? Se for formal, como é que faz a ponte entre o superior e o subordinado para que o fluxo de comunicação seja eficaz e contribua para a produtividade?
7. Como é que se assegura uma comunicação eficaz entre o pessoal dos sítios culturalmente diversificados para garantir a produtividade?
8. O que pode levar um trabalhador a perder o seu emprego?

Existe segurança no emprego na sua organização, independentemente do nível/cargo?

9. Como é que os trabalhadores são motivados?
10. As pessoas preferem trabalhar em equipa ou individualmente?
11. Qual é o papel das mulheres na sua organização?
12. O que é que significa para si ter um compromisso com a diversidade?

Como é que demonstrou esse empenho?
Como é que se vê a demonstrá-lo aqui?

13. De que forma integrou as questões multiculturais no seu desenvolvimento profissional?
14. Quais são, na sua opinião, os maiores desafios de um local de trabalho cada vez mais diversificado?
    Que medidas tomou para enfrentar esses desafios?
15. A diversidade desempenhou um papel na formação dos vossos estilos de trabalho?
    Em caso afirmativo, como?
16. Qual é a sua visão da diversidade num local de trabalho?
17. Descreva uma situação específica em que tenha trabalhado com um grupo diversificado de

pessoas durante um determinado período de tempo.

Com base nesta experiência, o que é que aprendeu?

18. De quem é a responsabilidade pela gestão da diversidade?
19. Quais são as questões de diversidade na equipa?
20. Que formação de competências recebeu no âmbito do desenvolvimento da sua liderança em matéria de diversidade?

Apêndice C

Tabela 3.1: Tabela para determinar a dimensão da amostra para uma determinada dimensão da população para dados contínuos e categóricos Fonte: Bartlett, Kotrlik, & Higgins 2001

	Tamanho da amostra					
	Contínua (margem de erro = 0,03)			Dados categóricos (margem de erro = 0,05)		
Tamanho da população	alfa =.10 t=1.65	alfa=.01 t=1.96	alfa=.01 t=2.58	P=.50 T=1.65	P=.50 T=1.96	P=.50 T=2.58
100	46	55	68	74	80	87
200	59	75	102	116	132	154
300	65	85	123	143	169	207
400	69	92	137	162	196	250
500	72	96	147	176	218	286
600	73	100	155	187	235	316
700	75	102	161	196	249	341
800	76	104	166	203	260	363
900	76	105	170	209	270	382
1000	77	106	173	213	278	399
1500	79	110	183	230	306	461
2000	83	112	189	239	323	499
4000	83	119	198	254	351	570
6000	83	119	209	259	362	598
8000	83	119	209	262	367	613
10000	83	119	209	264	370	623

Apêndice D

FÓRMULAS DAS QUATRO DIMENSÕES CULTURAIS DE HOFSTEDE

A fórmula do Índice de Distância ao Poder (IDP)

PDI = 35(m07 - m02) + 25(m23 - m26) + C(pd)

A fórmula do índice de individualismo (IDV)

IDV = 35(m04 - m01) + 35(m09 - m06) + C(ic)

Fórmula do Índice de Masculinidade/Feminilidade (MAS)

A fórmula do índice de masculinidade é:

MAS = 35(m05 - m03) + 35(m08 - m10) + C(mf)

A fórmula do índice de prevenção da incerteza (UAI)

UAI = 40(m18 - m15) + 25(m21 - m24) + C(ua)

Cálculos do índice cultural:

O Índice de Distância ao Poder (IDP)

A fórmula do Índice de Distância ao Poder é

PDI = 35(m07 - m02) + 25(m23 - m26) + C(pd)

O Índice de Distância ao Poder modificado é:

PDI = 35(m12 - m07) + 25(m03 - m05) + C(pd) devido à reorganização das opções dos questionários

O Índice de Distância ao Poder para os Yoruba é:

PDI = 35(2,19 - 2,03) + 25(3,00 - 1,00) + 15

PDI = 70,6

O Índice de Distância ao Poder para os Igbo é:

PDI = 35(2,14 - 1,77) + 25(2,38 - 1,00) + 15

PDI = 62,45

O Índice de Distância ao Poder para o Hausa é:

PDI = 35(1,83 - 1,69) + 25(2,82 - 1,00) + 15

PDI = 65,4

O Índice de Distância ao Poder para outro grupo étnico é:

PDI = 35(2,05 - 1,60) + 25(2,28 - 1,00) + 15

PDI = 62,75

Índice de Individualismo (IDV)

A fórmula do índice de individualismo é:

IDV = 35(m04 - m01) + 35(m09 - m06) + C(ic)

A fórmula do índice de individualismo modificado é a seguinte

IDV = 35(m09 - m06) + 35(m14 - m11) + C(ic)

O índice de individualismo para os iorubás é o seguinte

IDV = 35(2,19 - 1,70) + 35(1,86 - 2,37) + 40

IDV = 39,3

O índice de individualismo para os Igbo é:

IDV = 35(1.98 - 2.11) + 35(1.56 - 2.42) + 40

IDV = 5,35

O índice de individualismo para a língua Hausa é o seguinte

IDV = 35(1,77 - 1,74) + 35(1,61 - 1,35) + 40

IDV = 50,15

O índice de individualismo para outro grupo étnico é:

IDV = 35(1,68 - 1,77) + 35(1,55 - 2,18) + 40

IDV = 14,8

Índice de Masculinidade (MAS)

A fórmula do índice de masculinidade é:

MAS = 35(m05 - m03) + 35(m08 - m10) + C(mf)

A fórmula do Índice de Masculinidade Modificado é a seguinte

MAS = 35(m10 - m08) + 35(m13 - m15) + C(mf)

MAS = 35(2.00 - 1.77) + 35(1.65 - 3.22) + 60

MAS = 13,1

O índice de masculinidade para os Igbo é:

MAS = 35(1,90 - 1,87) + 35(2,07 - 1,91) + 60

MAS = 66,65

O índice de masculinidade para a língua Hausa é

MAS = 35(1,41 - 1,73) + 35(2,45 - 1,84) + 60

MAS = 70,15

O índice de Masculinidade para outros grupos étnicos é:

MAS = 35(1,55 - 1,61) + 35(2,11 - 1,93) + 60

MAS = 64,2

O índice de prevenção da incerteza (UAI)

A fórmula do índice de prevenção da incerteza é

UAI = 40(m18 - m15) + 25(m21 - m24) + C(ua)

A fórmula do índice de prevenção da incerteza modificado é

UAI = 40(m20 - m16) + 25(m21 - m24) + C(ua)

O índice de Evitação da Incerteza para a língua iorubá é o seguinte

UAI = 40(2,94 - 3,13) + 25(3,12 - 2,54) + 25

UAI = 31,9

O índice de Evitação da Incerteza para o Igbo é:

UAI = 40(3,05 - 3,35) + 25(2,73 - 2,05) + 25

UAI = 30,0

O índice de prevenção da incerteza para a língua Hausa é o seguinte

UAI = 40(2,62 - 3,33) + 25(2,57 - 2,36) + 25

UAI = 1,85

O índice de Evitação da Incerteza para outro grupo étnico é:

UAI = 40(3,70 - 2,94) + 25(2,48 - 2,07) + 25

UAI = 65,65

Quadro 4.1 Resumo dos quatro índices da dimensão cultural

	iorubá	Igbo	Hausa	Outros	Pontuação média
PDI	70.60	62.45	65.40	62.75	65.30
IDV	39.30	5.35	50.15	14.80	27.4
MAS	13.10	66.65	70.15	64.20	53.53
UAI	31.90	30.00	1.85	65.65	32.35

Fonte: Inquérito de campo, (2013)

Tabela 4.2: Distribuição de competências entre os diferentes grupos étnicos nos sítios

	iorubá	Igbo	Hausa	Outros	Frequência	Percentagem (%)
Artesão	4	18	4	25	51	23.3
Técnico	9	15	9	26	59	26.9
Tecnólogo	6	10	6	15	37	16.9

Engenheiro	5	13	5	16	39	17.8
Quadro de gestão	8	10	8	7	33	15.1
Em falta	-	-	-	-	1	0
Total	32	66	32	89	219	100

Fonte: Inquérito de campo, (2013)

Quadro 4.3: Respeito pela tradição

Respeito pela tradição	Frequência	Percentagem (%)
Sempre	111	50.5
Normalmente	39	17.7
Por vezes	35	15.9
Raramente	6	2.7
Nunca	6	2.7
Sem resposta	23	10.5
Em falta	-	-
Total	220	100

Fonte: Inquérito de campo, (2013)

Apêndice E

O programa de codificação do conteúdo qualitativo

Categoria	Variável (subcategorias)	Definição da categoria	" Amostras do depoimento dos entrevistados"	Regras
b) Qual é a opinião dos entrevistados sobre a diversidade cultural nos estaleiros de construção?	- Opinião/iluminação/integração de diferentes tribos nos estaleiros de construção.	O objetivo é obter uma visão aprofundada dos gestores de construção no que diz respeito às diferentes tribos que trabalham em conjunto.	"É adotar várias tribos para trabalhar no meu sítio sem preconceitos."	A opinião sobre a diversidade cultural revela se existe uma aceitação geral ou individual da diversidade cultural nos estaleiros de construção e como esta é vista - positiva ou negativamente.
Tema 2: disparidades entre tribos locais				

Diferentes tribos na sua organização	-Tribos/tribos principais - Preconceitos - Homogéneo	De acordo com Loosemore, a distribuição de algumas tribos específicas por um determinado aspeto do trabalho revela um preconceito tribal.	"Há trabalhadores de diferentes tribos a trabalhar neste sítio."	Isto ajudará a conhecer a configuração étnica da força de trabalho no local.
b) dominante a tribo e a razão c) preferir ce para a tribo e a razão	Tribo maior Tribo menor Tribo dominante	A agressividade e a prepotência de uma tribo sobre a outra.	"Não há domínio de tribos neste sítio".	Isto permitirá determinar o motivo do recrutamento, se se baseia em preconceitos tribais ou se é um trabalhador que pode dar resultados.
Tema 3: Boas práticas				
a) Medidas adoptadas pela sua organizaçã o para gerir a diversidade cultural	Formação Consciência cultural Modelação de papéis Espírito de equipa	Conhecer as práticas das empresas de construção sobre a diversidade cultural e as estratégias adoptadas para gerir a diversidade cultural	Melhores práticas? Bem, eu limito-me a fazer a minha maneira habitual de dar palestras sobre animais de estimação aos trabalhadores antes do início do trabalho".	Compreensão dos gestores sobre a gestão da diversidade e a forma individual de a gerir.
a) organizar estruturaçã o da ação e b) ensurin	-Fluxo de comunicação da organização - Colmatar o défice de comunicação	A forma de estrutura organizacional em funcionamento para dar uma visão do fluxo de comunicação	"A estrutura da organização é formal. Existe um sistema estabelecido de processos operacionais que implica que os subordinados passem pelo seu chefe direto para obterem a atenção da gestão ou a partilha de conhecimentos."	A primeira variável tem por objetivo identificar a estrutura organizacional da empresa, de modo a fornecer informações sobre a comunicação organizacional
g eficaz fluxo de comunicaç ão entre a força de trabalho diversificad a		entre os subordinados e os superiores; políticas adoptadas para facilitar a comunicação g p-ª		processamento. A segunda variável mostra até que ponto um subordinado pode ir para fazer ouvir a sua voz.
Tema 4: Segurança do emprego/segurança do emprego				

a) O que é que pode levar um trabalhador a perder o seu emprego?	-Razão possível para os trabalhadores perderem os seus empregos	Para perceber se os preconceitos étnicos existem de facto nos estaleiros de construção, pareceu pertinente perguntar a razão provável pela qual os trabalhadores perderam os seus empregos.	"Quando os trabalhadores lutam no local".	Quais são as questões profundas (centrais) que podem fazer com que os trabalhadores abandonem os seus empregos ou sejam despedidos no local?
b). Existe segurança no emprego na sua organização, independente mente do nível/posição do emprego?	-Segurança do emprego a todos os níveis.	De acordo com a 4ª dimensão cultural de Hofstede - evitamento da incerteza - as pessoas têm diferentes graus de tolerância.	"Sim, mas em questões étnicas alguns trabalhadores tiveram de ser despedidos com base em questões triviais que têm a ver com tribalismo."	Isto explica também porque é que os trabalhadores se agarram ao seu trabalho, apesar de um ambiente de trabalho pouco propício e do despedimento por parte do empregado quando um trabalhador representa uma ameaça para o emprego.
c). Como é que os trabalhadores são motivados?	-Paridade na motivação	De acordo com Loosemore *et al.* (2012), os superiores tendem a favorecer as suas tribos na atribuição de recursos; tendem a motivar as suas tribos melhor do que as outras tribos.	"Motivo os meus trabalhadores de forma uniforme, independentemente das suas tribos ou origens, embora dê mais incentivos aos meus trabalhadores excepcionais."	Qual é a base da motivação e dos critérios utilizados?
Tema 5: Espírito de equipa				
As pessoas preferem trabalhar em equipa ou individual mente?	-Coletivo -Individual	A análise da dimensão de Hofstede revela que há culturas que preferem trabalhar coletivamente e outras individualmente.	"Sim, as pessoas preferem trabalhar em equipa, mas a possibilidade de alguém trabalhar individualmente numa equipa não pode ser ignorada, pois isso acontece no meu sítio.	A primeira variável sugere o grau de cooperação numa equipa que permitirá obter a produtividade de trabalho necessária.
Tema 6: diversidade de género				
Qual é o papel da	-Género -Feminino	Algumas culturas não permitem que as mulheres trabalhem	"As mulheres são frágeis do ponto de vista cultural, não é suposto trabalharem, para não falar de as envolverem em sítios	Aprofundar as questões relativas às mulheres que trabalham no local se

mulheres na sua organização?		que poderia servir de base para recrutar apenas homens para o trabalho no local.	trabalho".	A empresa de construção civil defende a crença cultural de algumas etnias que não permitem que as mulheres trabalhem em público.
Tema 7: Empenho na diversidade				
a) O que significa para si ter um compromisso com a diversidade?	Envolvimento/suprimento da diversidade cultural.	Define o papel dos supervisores, dos gestores e da direção no que respeita à diversidade e à forma como esta pode ser alcançada.	"Aprender com a forma de fazer as coisas de outras tribos, apesar de estar educativamente informado sobre o trabalho de construção, é uma boa forma de incorporar a diversidade no local."	Esta variável ajuda a saber se realmente compreendem o que significa estar plenamente envolvido em questões de diversidade.
b) Como é que demonstrou esse compromisso?	-Partilha de conhecimentos.	Isto define a forma e o modo como os gestores se envolvem para garantir que a diversidade cultural produza resultados positivos no local.	"Coloquei-me ao nível de todos os funcionários das instalações sob a minha alçada, aprendendo as suas línguas para os compreender melhor, pelo menos sei falar até oito línguas."	O objetivo é saber se os gestores no local demonstram interesse e se se esforçam por aprender a língua das pessoas que trabalham para eles.
c) Como é que se vê a demonstrá-lo aqui?	Esforço atual/contínuo da sua parte para encorajar e garantir que a diversidade seja uma realidade no local.	Isto define o esforço feito por parte dos gestores no local atual para que a diversidade funcione de forma positiva.	"Tento, tanto quanto possível, fazer da diversidade uma parte quotidiana do meu trabalho."	Dar o exemplo para que os outros absorvam a diversidade cultural.
Tema 8: desafios da diversidade cultural				

a)) Quais são, na sua opinião, os aspectos mais desafiantes de um local de trabalho cada vez mais diversificado?	-Desafios - Aumento da diversidade no local de trabalho	O objetivo é compreender o impacto da diversidade cultural nos sítios selecionados.	"Os desafios são enormes. Temos de lidar com pessoas que querem apoiar os seus colegas do mesmo grupo étnico, mesmo quando é óbvio que fizeram algo de errado."	A primeira variável mostra os desafios peculiares que cada estaleiro de construção enfrenta na questão da diversidade cultural. Enquanto a segunda variável indica a extensão e o grau dos desafios num local de trabalho cada vez mais diversificado.
b) Que medidas tomou para responder a esses desafios?	-formas de limitar a diversidade cultural.	Este facto define as várias formas, teóricas ou práticas, através das quais a diversidade cultural pode ser gerida.	"Estabelecemos uma regra rigorosa no local, segundo a qual ninguém pode desacreditar outras tribos e qualquer violação resulta na cessação da nomeação do infrator."	Isto revela se os gestores dos estaleiros de construção gerem a diversidade cultural em conformidade com as melhores práticas.
Tema 9: Benefícios da diversidade cultural nos estilos de trabalho				
a) a diversidade desempenhou um papel na formação dos seus estilos de trabalho? b) em caso afirmativo, como?	Influência da diversidade no estilo de trabalho.	Isto explica como as interações e o trabalho com outras tribos moldaram o estilo de trabalho do gestor.	É claro que, para além do impacto negativo, ganhei e adquiri novos conhecimentos sobre a forma única como as outras tribos fazem o seu trabalho no local, o que melhorou o meu estilo de trabalho."	O objetivo é saber em que medida a diversidade afectou realmente o estilo de trabalho dos gestores/supervisores.
Tema 10: Aspiração à diversidade cultural				
a) Qual é a sua visão da diversidade no local de trabalho?	-Futuro -Diversidade - local de trabalho	Ponderando o impacto negativo da diversidade cultural com o impacto positivo, será que a diversidade cultural tem futuro?	"Para mim, no que diz respeito ao trabalho de construção, não se pode prescindir de empregar diversas tribos devido à escassez de mão de obra qualificada."	Numa situação (futuro próximo) em que haja disponibilidade de mão de obra qualificada e não qualificada, gostaria de saber se os gestores optarão por pessoas da sua própria tribo apenas para trabalharem para eles.
Tema 11: trabalho prático				

a)) Descreva uma situação específica em que tenha trabalhado com um grupo diversificad o de pessoas durante um determinad o período de tempo. b Com base nesta experiência , o que é que aprendeu?	Experiência partilhada. -A lição aprendida.	O objetivo é partilhar a experiência pessoal adquirida no trabalho com pessoas diferentes. Isto descreve a forma como foram capazes de melhorar as competências de gestão a partir da experiência passada de lidar com uma força de trabalho diversificada.	"Algumas são agradáveis, mas outras são sobretudo desagradáveis". "Aprendi que juntos estamos, divididos caímos, por isso, independentemente das competências e da experiência do pessoal da obra, quando não há unidade, o trabalho é muito prejudicado e isso pode afetar muito a reputação da empresa."	As experiências de trabalho com trabalhadores diversificados em Abuja, na Nigéria, irão ainda discordar/apoiar a afirmação de investigadores contemporâneos como loosemore et al; (2010), Cox (1993) de que a diversidade cultural afecta a produtividade do trabalho quando não é gerida eficazmente. Isto mostra como conseguiram evitar qualquer recorrência do impacto negativo da diversidade cultural da experiência passada.
Tema 12: Diversidade cultural Desenvolvimento de competências				
a) | Pessoa a		Isto é para obter o	"É da responsabilidade de cada	Estas variáveis revelam
De quem é a responsabili dade, na sua opinião, de gerir a diversidade?	gerir eficazmente a diversidade.	a opinião dos gestores sobre quem deve efetivamente gerir a diversidade.	se formos capazes de nos gerirmos a nós próprios individualmente, teremos menos trabalho para os gestores, ou seja, facilitamos o nosso trabalho e o trabalho avança mais rapidamente".	opinião individual sobre quem deve gerir a diversidade cultural.
b) Quais são as questões de diversidade na equipa?	Problemas que surgem.	Trata-se de questões de diversidade no seio da equipa, como a discriminação, o complexo de superioridade, os preconceitos e a falta de cooperação.	"há muitos problemas de diversidade na equipa, desde preconceitos tribais à falta de cooperação, favoritismo, lutas"	O objetivo é esclarecer melhor a questão da diversidade.

c) Que formação de competências recebeu no âmbito do seu desenvolvimento de liderança em matéria de diversidade?	-Formação de competências - Desenvolvimento da liderança.	Isto define o desenvolvimento da liderança na diversidade.	"Não recebi qualquer formação sobre diversidade".	O objetivo é revelar se os gestores gerem trabalhadores diversificados com base na experiência adquirida no local de trabalho ao longo do tempo ou na formação em competências de diversidade recebida através da sua organização; o que também revela se a empresa de construção forneceu formação sobre diversidade aos seus trabalhadores.

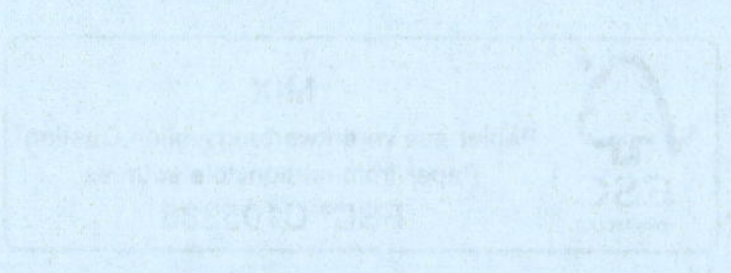

Printed by Books on Demand GmbH, Norderstedt / Germany